西方建筑的故事

天才的世界

——文艺复兴与巴洛克建筑——

陈文捷　著

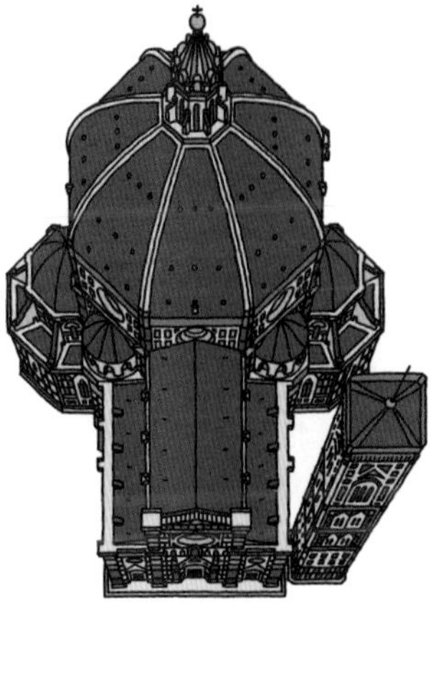

机械工业出版社
CHINA MACHINE PRESS

这是一本为建筑、规划和设计专业人士，以及广大艺术爱好者而著的有故事的欧洲文艺复兴和巴洛克建筑史。本书将为您详尽介绍15—18世纪意大利、法国、英国、西班牙、葡萄牙、德国、奥地利和俄罗斯等国的建筑历程，为您讲述布鲁内莱斯基、阿尔伯蒂、伯拉孟特、米开朗基罗、帕拉第奥、贝尼尼、博罗米尼、小芒萨尔、勒·诺特尔、雷恩和诺依曼等这个时代伟大的艺术巨匠，以及美第奇家族、尤利乌斯二世、路易十四和彼得大帝等这个时代了不起的艺术赞助人的传奇故事，为您打开通往天才世界的探奇之门。本书配有470幅精美的插图辅助您的阅读。

图书在版编目（CIP）数据

天才的世界：文艺复兴与巴洛克建筑 / 陈文捷著 . —北京：机械工业出版社，2020.9（2022.1 重印）
（西方建筑的故事）
ISBN 978-7-111-65863-4

Ⅰ. ①天…　Ⅱ. ①陈…　Ⅲ. ①巴罗克艺术—建筑史—欧洲
Ⅳ. ①TU-095

中国版本图书馆 CIP 数据核字（2020）第 111494 号

机械工业出版社（北京市百万庄大街 22 号　邮政编码 100037）
策划编辑：时　颂　责任编辑：时　颂　刘志刚　于兆清
责任校对：梁　倩　责任印制：孙　炜
北京华联印刷有限公司印刷
2022 年 1 月第 1 版第 2 次印刷
148mm × 210mm · 10.25 印张 · 2 插页 · 328 千字
标准书号：ISBN 978-7-111-65863-4
定价：69.00 元

电话服务
客服电话：010-88361066
010-88379833
010-68326294

网络服务
机　工　官　网：www.cmpbook.com
机　工　官　博：weibo.com/cmp1952
金　书　网：www.golden-book.com
机工教育服务网：www.cmpedu.com

“西方建筑的故事”丛书序

一部建筑史，里面究竟该写些什么？怎么写？有何意义？我在大学讲授建筑史课程已经 20 年了，对这些问题的思考从没有停止过。有不少人认为建筑史就是讲授建筑风格变迁史，在这个过程中，你可以感受到建筑艺术的与时俱进。有一段时间，受现代主义建筑观以及国家改革开放之后巨大变革进步的影响，我也认为，教学生古代建筑史只是增加学生知识的需要，但是那些过去的建筑都已经成为历史了，设计学习应该更加着眼于当代，着眼于未来。后来有几件事情转变了我的观念。

第一件事是在 2005 年的时候，我在英国伦敦住了一个月，亲眼见识到那些当代最摩登的大厦却与积满了厚重历史尘土的酒馆巷子和睦相处，亲身体会到在那些老街区、窄街道和小广场中行走消磨时光的乐趣，第一次从一个普通人而不是建筑专业人员的视角来体验那些过去只是在建筑专业书籍里看到的、用建筑专业术语介绍的建筑。

第二件事是在 2012 年的时候，我读了克里斯托弗·亚历山大（Christopher Alexander）写的几本书。在《建筑的永恒之道》这本书中，亚历山大描述了一位加州大学伯克利分校建筑系的学生在读了也是他写的《建筑模式语言》之后，惊奇地说：“我以前不知道允许我们做这样的东西。”亚历山大在书中特别重复了一个感叹句：“竟是允许！”我觉得，这个学生好像就是我。这本书为我打开了一扇通向真正属于自己的建筑世界的窗子。

第三件事就是互联网时代的到来和谷歌地球的使用。尤其是谷歌地球，其身临其境的展示效果，让我可以有一个摆脱他人片面灌输、而仅仅用自己的眼光去观察思考的角度。从谷歌地球上，我看到很多在专业书籍上说得玄乎其玄的建筑，在实地环境中的感受并没有那么好；看到很多被专业人士公认为是大师杰作的作品，在实地环境中却显得与周围世界格格不入。而在另一方面，我也看到，许许多多从未有资格被载入建筑史册的普普通通的街道建筑，看上去却是那样生动感人。

这三件事情，都让我不由得去深入思考，建筑究竟是什么？建筑的意义又究竟是什么？

现在的我，对建筑的认识大体可以总结为两点：

第一，建筑是一门艺术，但它不应该仅仅是作为个体的艺术，更应该是作为群体一分子的艺术。历史上不乏孤立存在的建筑名作，从古代的埃及金字塔、雅典的帕提农神庙到现代的朗香教堂、流水别墅。但是人类建筑在绝大多数情况下都是要与其他建筑相邻，作为群体的一分子而存在的。作为个体存在的建筑，建筑师在设计的时候可以尽情地展现自我的个性。这种建筑个性越鲜明，个体就越突出，就越可能超越地域限制。这是我们今天的建筑教育所提倡的，也是今天的建筑师所孜孜追求的。然而，具有讽刺意味的是，当一个设计获得了最大的自由，可以超越地域和其他限制放在全世界任何地方的时候，实际上反而是失去了真正的个性，随波逐流而已。这样的建筑与摆在超市中出售的商品有什么区别呢？而相反，如果一座建筑在设计的时候，更多地去顾及周边的其他建筑群体，更多地去顾及基地地理的特殊性，更多地去顾及可能会与建筑相关联的各种各样的人群，注重在这种特殊性的环境中，与周围其他建筑相协作，进行有节制的个体表现，这样做，才能够真正形成有特色的建筑环境，才能够真正让自己的建筑变得与众不同。只是作为个体考虑的建筑艺术，就好比是穿着打扮一样，总会有“时尚”和“过气”之分，总会有“历史”和“当代”之别，总会有“有用”和“无用”之问；而作为群体交往的艺术是任何时候都不会过时的，永远都会有值得他人和后人学习和借鉴的地方。

第二，建筑不仅仅是艺术，建筑更应该是故事，与普普通通的人的生活紧密联系的故事。仅仅从艺术品的角度来打量一座建筑，你的眼光势必会被新鲜靓丽的“五官”外表所吸引，也仅仅只被它们所吸引。可是就像我们在生活中与人交往一样，有多少人是靠五官美丑来决定朋友亲疏的？一个其貌不扬的人，可能却因为有着沧桑的经历或者过人的智慧而让人着迷不已。建筑也是如此。我们每一个人，都可能会对曾经在某一条街道或者某一座建筑中所发生过的某一件事情记忆在心，感慨万端，可是这其中会有几个人能够描述得出这条街道或者这座建筑的具体造型呢？那实在是无关紧要的事情。一座建筑，如果能够在一个人的生活中留下一片美好的记忆，那就是最美的建筑了。

带着这两种认识，我开始重新审视我所讲授的建筑史课程，重新认识建筑史教学的意义，并且把这个思想贯彻到“西方建筑的故事”这套丛书当中。

在本套丛书中，我不仅仅会介绍西方建筑个体风格的变迁史，而且会用很多的篇幅来讨论建筑与建筑之间、建筑与城市环境之间的相互关系，充分利用谷歌地球等技术条件，从一种更加直观的角度将建筑周边环境展现在读者面前，让读者对建筑能够有更加全面的认识。

在本套丛书中，我会更加注重将建筑与人联系起来。建筑是为人而建的，离开了所服务的人而谈论建筑风格，背离了建筑存在的基本价值。与建筑有关联的人不仅仅是建筑师，不仅仅是业主，也包括所有使用建筑的人，还包括那些只是在建筑边上走过的人。不仅仅是历史上的人，也包括今天的人，所有曾经存在、正在存在以及将要存在的人，他们对建筑的感受，他们与建筑的互动，以及由此积淀形成的各种人文典故，都是建筑不可缺少的组成部分。

在本套丛书中，我会更加注重将建筑史与更为广泛的社会发展史联系起来。建筑风格的变化绝不仅仅是建筑师兴之所至，而是有着深刻的社会背景，有时候是大势所趋，有时候是误入歧途。只有更好地理解这些背景，才能够比较深入地理解和认识建筑。

在本套丛书中，我会更加注重对建筑史进行横向和纵向比较。学习建筑史不仅仅是用来帮助读者了解建筑风格变迁的来龙去脉，不仅仅是要去瞻仰那些在历史夜空中耀眼夺目的巨星，也是要在历史长河中去获得经验、反思错误和吸取教训，只有这样，我们才能更好地面对未来。

我要特别感谢机械工业出版社建筑分社和时颂编辑对于本套丛书出版给予的支持和肯定，感谢建筑学院 App 的创始人李纪翔对于本套丛书出版给予的鼓励和帮助，感谢张文兵为推动本套丛书出版和文稿校对所付出的辛苦和努力。

写作建筑史是一个不断地发现建筑背后的故事和建筑所蕴含的价值的过程，也是一个不断地形成自我、修正自我和丰富自我的过程。

本套丛书写给所有对建筑感兴趣的人。

2018 年 2 月于厦门大学

前　言

十多年前我曾经去到罗马。在罗马现存最古老的教堂之一大圣母玛利亚教堂侧廊的一块地砖上，我找到了贝尼尼和他家族的墓碑。看着这块除了刻上几个字以外就跟周围其他地砖没什么两样的普通得不能再普通的墓碑，很难想象在这下面竟然安葬着一位天才的艺术巨匠：在差不多60年的时间里，他为不计其数的教皇、主教、国王和公爵们建造过豪华的宫殿和陵墓；他将绘画、雕塑和建筑融为一体，使其遍布罗马；他将意大利最后一次推上艺术世界的巅峰。可是等到他自己也要被埋葬的时候，却连一个完整的名字也没能在墓碑上刻下来。

写到这里，我忽然想到曾经在一次课上听说的故事。有一个日本小神明，因为没有什么名气，所以也没什么人供奉他，更没有钱去修神社。他很担心会被人们遗忘，所以只要能够收到一点点的香火钱就会十分努力地去为人们实现愿望。后来有一个小女生结识了他，发现他其实是个很好的神明，就用木头为他做了一个巴掌大的小神社。小神明收到这个礼物，非常感动："我们神明的存在，是基于人类的愿望。神明之所以不会死，是因为活在人类的心里。当人类不再需要我了，就会慢慢把我忘记。当世界上再没有一个人记得我的时候，我就永远消失了。"

但愿这个天才辈出的时代能够长长久久地存活在人们的记忆之中。

第一部 意大利文艺复兴

第一章 布鲁内莱斯基

第二章 阿尔伯蒂

第三章 十五世纪建筑名家

第四章 伯拉孟特

第五章 拉斐尔、佩鲁齐和小桑加罗

第六章
米开朗基罗

第七章
十六世纪建筑名家

第八章 帕拉第奥

第九章 意大利文艺复兴园林

第二部
意大利巴洛克

第十章 马代尔诺

第十一章 贝尼尼

第十二章
博罗米尼

第十三章
十七世纪建筑名家

第三部 法国古典主义

第十四章 弗朗索瓦一世和亨利二世时代

第十五章 亨利四世和路易十三时代

第十六章 路易十四时代

第十七章 路易十五和洛可可时代

第四部 欧洲其他国家

第十八章 英国

第十九章 西班牙和葡萄牙

第二十章 德国和奥地利

第二十一章 俄罗斯

参考文献

引子

『于我责无旁贷。』

从佛罗伦萨（Florence）穿城而过的阿诺河（River Arno）上架设有好几座桥梁，其中年代最古老的一座建造于1345年，被名副其实地称为“老桥”（Ponte Vecchio）。与它周围那些因为在1944年被败退的德

佛罗伦萨阿诺河上的老桥，桥上高架的连拱长廊就是瓦萨里走廊

『老桥』内景

瓦萨里自画像

军炸毁之后重建的桥梁不同，这座“老桥”仍然保持着中世纪欧洲城市桥梁建设的传统，桥上的两侧都布满了店铺，其中有很多曾经是肉铺。1565年，佛罗伦萨公爵科西莫一世·德·美第奇（Cosimo Ⅰ de'Medici，1519—1574）为了方便自己安全地往返于阿诺河南岸的住所——皮蒂宫（Palazzo Pitti）与北岸的政府大楼——韦其奥宫（Palazzo Vecchio），就在二者之间架设了一条全长大约一公里的高架廊道，其中过河的部分就架设在这座老桥一侧的店铺之上。为了免受肉铺气味熏扰，大公下令将桥上的商铺全部更换为出售金银珠宝的金铺。这道命令被一直执行到今天。

这条别出心裁的“城市高架快速路”被佛罗伦萨人称为“瓦萨里走廊”（Vasari Corridor），以其建造者的名字命名。作为与米开朗基罗生活在同一时代的艺术家，乔治·瓦萨里（Giorgio Vasari，1511—1574）也是一位精通建筑与绘画艺术的多面手，他的许多作品今天都还可以在这座城市看到。不过真正让他青史留名的却并不是他所建造的建筑或绘制的画作，而是一部在1546年应红衣主教亚历山德罗·法尔内塞（Alessandro Farnese，1520—1589）的要求而写作的《著名画家、雕塑家、建筑家传》（Le vite de' più eccellenti pittori，scultori，et architettori）。在这本西方艺术史上重要的著作中，瓦萨里“不辞辛劳地”查考了从乔托·迪·邦多纳（Giotto di Bondone，1266/1267—1337）开始一直到米开朗基罗·博那罗蒂（Michelangelo Buonarroti，1475—1564）这200多年间260多位意大利杰出艺术家的“出生地、来龙去脉和生平事迹”，从“长者前辈的叙说中”，从“他们的子孙后代遗下的尘封虫啮的各种记录和著述中”，“大海捞针般地”觅取材料，使他们“尽可能长久地留存在活着的人们的记忆之中”，使他们流芳百世。[1]1

LE VITE
DE' PIV ECCELLENTI PITTORI,
SCVLTORI, E ARCHITETTORI
Scritte
DA M. GIORGIO VASARI PITTORE
ET ARCHITETTO ARETINO,
Di Nuouo dal Medesimo Riuiste
Et Ampliate
CON I RITRATTI LORO
Et con l'aggiunta delle Vite de'viui, & de'morti
Dall'anno 1550. insino al 1567.
Prima, e Seconda Parte.
Con le Tauole in ciascun volume, Delle cose piu Notabili,
De'Ritratti, Delle vite degli Artefici, Et dei
Luoghi doue sono l'opere loro.
CON LICENZA E PRIVILEGIO DI N. S. PIO V. ET
DEL DVCA DI FIORENZA E SIENA.
IN FIORENZA, Appresso i Giunti 1568.

《著名画家、雕塑家、建筑家传》1568年版扉页

这确实是一个值得长久记忆的天才辈出的时代。

第一部

意大利文艺复兴

第一章 布鲁内莱斯基

“上苍将他降世，就是为了要给予建筑以几百年来人们从未想到过的崭新形式。”

1-1 文艺复兴

“文艺复兴”（Renaissance）⊖这个单词的字面意思就是“再生”。人们通常用这个词来描述 14 世纪到 17 世纪之间，在意大利首先兴起的一场通过重新认识古典文化进而挣脱宗教对人类精神的桎梏并迈入人类文明新纪元的波澜壮阔的运动。

11 世纪以后，西欧逐渐从中世纪的漫漫长夜中苏醒过来，农业技术取得显著进步，城市人口大量增加。意大利也是这样，虽然还是四分五裂，但是在许多商业快速发展的城市里，财富日益增长的商人和银行家们开始谋取政治地位和统治权力。这些新兴的资产阶级统治者与当时在欧洲其他

⊖ 最早使用这个词来描述这场运动的正是瓦萨里。在《著名画家、雕塑家、建筑家传》一书中，他首次使用“Rinascita”这个单词来形容一种与当时正在欧洲广为流行的“野蛮的”哥特艺术截然不同的全新艺术形式，他将之视为是对古罗马帝国时代辉煌成就的复兴。19 世纪以后，这个单词所表达的含义被从艺术领域扩展到文化、科学和政治领域。

地方那些只知道“征战杀伐、游手好闲”[2]6的贵族君主们截然不同，他们没有值得夸耀的高贵出身，也不具备天然的统治资格，他们的唯一资本就是自己出众的才华。他们一直居住在城市里，既富足又博学，十分注重言谈举止，崇尚风雅，鼓励、赞助和庇护文学艺术的发展和大胆创新。1400年，佛罗伦萨面临强敌米兰的威胁。当米兰派来的使节夸耀自己的力量与财富的时候，佛罗伦萨执政官科鲁奇奥·萨鲁塔蒂（Coluccio Salutati，1331—1406）只是轻轻地反问说：“你们的但丁在哪儿？你们的彼特拉克在哪儿？你们的薄伽丘在哪儿？”[3]20米兰使者赧然而退。

从西罗马帝国灭亡时起，在经历了一千年的野蛮争战之后，西欧第一次出现了一个视精神生活的享受为至高无上的统治阶级。在他们的统治下，人文主义的思想在被压制了1000年之后重获生机。一些先进的知识分子开始重新评判人生的价值。他们发现，在这样的时代里，过去曾经像紧箍咒般牢牢捆束在人们头上的“末日审判”和“来世”已经变得不那么重要。人可以不再需要把自己的一切都献给教会，不再只是一心一意地期待天国和永生。相反，现在人可以有自己的思考，可以追求自身的存在，可以自己去建造人世间的“天堂”。就像那个时代有名的学者乔瓦尼·皮科·德拉·米兰多拉（Giovanni Pico della Mirandola，1463—1494）说的：

《雅典学院》。在这幅画中，拉斐尔穿越时空，将柏拉图、欧几里得、赫拉克利特等古代圣哲以当代艺术家达·芬奇、伯拉孟特、米开朗基罗等的形象加以表现

“人被准许拥有自己选择的，成为自己想成为的。”[4] 在这样的时代背景下，艺术家们从神学中解放出来，开始如痴如醉地去搜求、学习和研究那些他们久以淡忘的曾经被教会斥为异端并且遭到野蛮破坏的希腊—罗马时代的古代建筑和艺术作品。他们重新发现了蕴含在其中的比例和秩序法则，重新发现了蕴含在其中的美的真谛。

1—2 佛罗伦萨大教堂穹顶

作为当时意大利乃至全欧洲最大和工商业最发达的城市之一，从 13 世纪到 15 世纪，相继有一大批杰出人物在佛罗伦萨诞生或生活，他们包括伟大的诗人但丁·阿利吉耶里（Dante Alighieri，1265—1321）和弗朗切斯科·彼特拉克（Francesco Petrarca，1304—1374）、作家乔万尼·薄伽丘（Giovanni Boccaccio，1313—1375）、政治家尼可罗·马基雅维利（Niccolò Machiavelli，1469—1527）、艺术家乔托及达·芬奇和米开朗基罗等，他们都是意大利文艺复兴运动强有力的推动者。在他们当中，还有一位伟大的建筑家——菲利波·布鲁内莱斯基（Filippo Brunelleschi，1377—1446）。1418 年，在佛罗伦萨当局面向全欧洲征集圣母百花大教堂（Cathedral of Saint Mary of the Flower）穹顶建造方案的竞赛中，他所提出的方案一举中标，掀开了意大利文艺复兴运动的序幕。

佛罗伦萨鸟瞰图（F. Rosselli 绘于 1471 年）

早在1294年，佛罗伦萨人就决定要建造一座新的大教堂。在市政当局发布的诏令中这样写道："必要极壮丽、极辉煌，俾使人类之勤勉能力永远无法创造或进行更为宏伟或美丽的建筑。……凡无意配合此一全体人民高贵灵魂所共同愿望者，不得参与此项工作。"[5]正在主持圣十字教堂和韦其奥宫建设工作的阿诺尔福·迪·坎比奥(Arnolfo di Cambio，1245—1310)为大教堂设计了最初的方案，其横厅两端与主圣坛一样都做成半圆形，呈现三叶式构造。在随后的建造过程中，为了能够在规模上超过周边地区正在建设中的其他教堂（包括比萨大教堂和锡耶纳大教堂），这座大教堂的平面被沿着纵深方向得以大大扩展。到1380年中厅建成的时候，它已经成为一座内部总长153米、中厅宽38米(包括侧廊）、横厅总宽90米的古代世界屈指可数的大教堂之一。

迪·坎比奥画像（约绘于18世纪）

佛罗伦萨大教堂中厅，向圣坛方向看。这座中厅是典型的意大利式哥特做法，拱顶高23米。16世纪铺设的地面铺装非常精美

1334年，乔托被委任

佛罗伦萨大教堂西侧外观，右侧为乔托设计的钟楼

为工程主管。他是第一位获得如此重要地位的画家，在此之前一般只有建筑家或雕塑家才能成为重大工程项目的负责人。乔托为大教堂设计了89米高的钟楼，不过在他生前只来得及建造完成下面两层。他也为大教堂设计了正立面方案，但直到1887年才由埃米利奥·德·法布里斯（Emilio De Fabris，1808—1883）最终将其设计完成。

黑色为旧教堂平面，中灰色为迪·坎比奥的设计方案，浅灰色为扩展后的最终平面

按照预定计划，大教堂十字交叉部的穹顶平面为八边形，边对边跨度将超过42米（对角距离为45.5米）。这是一个自从古罗马万神庙（直径43.4米）以来人类建筑从未达到过的巨大跨度。不仅如此，由于预定建造的拱顶起拱点下方墙体本身高度就达到50米，比最高的哥特建筑博韦大教堂的中厅拱顶（48.5米）还要高，更是大大超过了万神庙（穹顶高43.4米），后者的起拱高度还不到佛罗伦萨大教堂起拱高度的一半。可想而知，技术难度（特别是如何

抵消穹顶结构必然产生的巨大侧推力）之大前所未有。

迪·坎比奥曾经为大教堂穹顶制作过一个模型，不过后来被毁掉了，他的建造思路没有能够流传下来。1366年，时任工程主管乔瓦尼·迪·拉波·吉尼（Giovanni di Lapo Ghini）提出一个利用飞扶壁来平衡穹顶侧推力的新方案。这是一种在当时的技术条件下有可能实现的结构构思，但是却被佛罗伦萨人坚决拒绝了，因为这种造型的哥特特征太过明显。与此同时，此前负责重建“老桥”的工程师内里·迪·菲奥拉万特（Neri di Fioravante）则提出一个完全不同的结构构思。他认为，这座穹顶因为已经造好的鼓座既高又薄难以承受较大的侧推力，所以穹顶将不得不设计成所谓“五分尖拱”（Quinto Acuto）以减小侧推力。但是为了避免在外观上出现飞扶壁这样过于明显的哥特符号，他建议在穹顶结构内部埋设环形铁链来控制侧推力，为此可能需要将穹顶做成双层构造以减轻自重，同时也可以让穹顶有一个简洁的外观，与外表烦琐飞扶壁尖塔林立的“野蛮的”哥特建筑形成鲜明对比。尽管内里并没有能够拿出切实可行的建造方案，但是仅仅是这个大胆的创意就足以打动佛罗伦萨人。他们迅速通过决议，决定今后无论如何都要按照这种构想来建造穹顶，绝对不许在主穹顶上使用飞扶壁。㊀

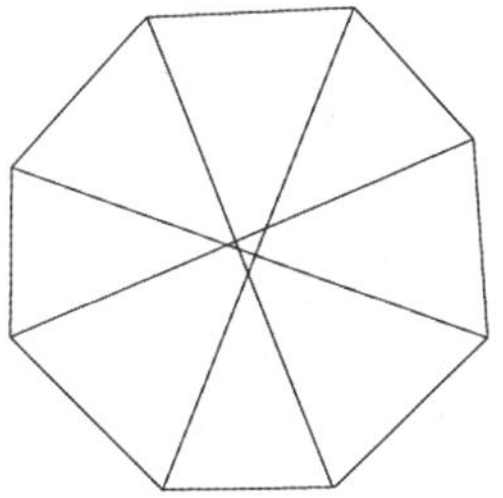

由于施工误差，大教堂的平面实际上是一个不规则的八边形

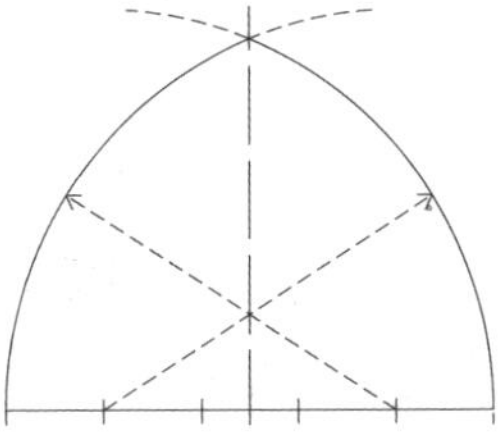

以底部直径的五分之一位置为圆心所做的双圆心『五分尖拱』

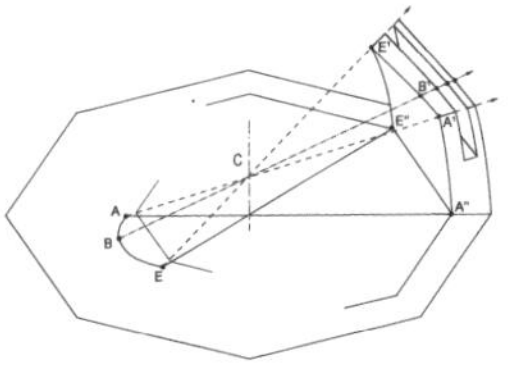

八边形平面上的动态圆心五分尖拱（示意图由B. Jones等绘制）

但是要把这样一座前所未有的巨型大跨度建筑实际建造起来，仅仅是描绘一种动人的前景是远远不够的。且不说抵消侧推力的环形铁链条究竟

㊀ 对哥特式飞扶壁的禁令仅限于穹顶主体部分，而在主穹顶上的采光塔以及三叶式圣坛的小穹顶上还是使用了飞扶壁。

1360 年一幅描绘想象中大教堂建成后景象的壁画（绘画：A. di Bonaiuto）

砖石砌筑的拱形结构在完成之前需要模架提供临时支撑

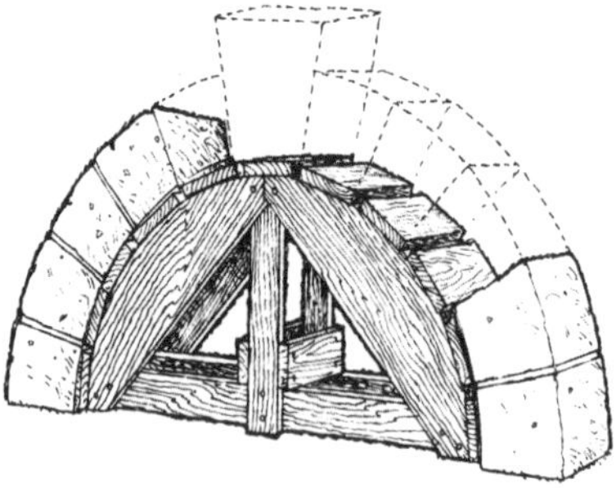

要如何建造的难题，光是要搭一个直径 40 米、最高处将达到 90 米的巨型脚手架就难倒了所有人：去哪里找这么多高质量的大木料？而且就算找到了合适的木料，又如何解决巨型木拱模架（砌筑穹顶或拱顶时的临时支撑）在长时间施工过程中必然会出现的蠕变问题？佛罗伦萨及其周边地区的能工巧匠们都被动员起来，提出了一个又一个设想，但这两个问题始终没有得到合理解决。无奈之下，有人甚至建议在教堂内部填满沙土以充作穹顶施工的临时支撑。㊀

㊀ 这种做法并非胡思乱想，在中世纪确实有些拱顶建筑是用这种方式建造起来的。

1402 年，佛罗伦萨遭遇空前危机。北方邻居米兰的统治者，正在修建米兰大教堂的吉安·加莱亚佐·维斯孔蒂（Gian Galeazzo Visconti，1351—1402）雄心勃勃要一统意大利。他统率大军兵临城下，佛罗伦萨危在旦夕。就在千钧一发之时，维斯孔蒂突然暴毙。佛罗伦萨人将这次得救看作是上帝的意志，是大卫战胜哥利亚，是雅典战胜波斯。他们倍受鼓舞，决心以此为动力一鼓作气建成大教堂。这一次，上帝真的赐给他们一位天才——布鲁内莱斯基。

布鲁内莱斯基画像（约作于15世纪末）

布鲁内莱斯基当年 25 岁，是一位小有名气的金匠。正是从这一年开始，他对大教堂穹顶的建造方法产生浓厚兴趣，并着手进行研究。由于佛罗伦萨太小，几乎没有什么值得一提的古代遗物留存，于是他前往罗马，仔仔细细地考察和研究古罗马时代的建筑尤其是穹顶构造技术。他的研究对象首先是万神庙，除此之外，也包括其他各种类型的哪怕是已经破败不堪的古代建筑。一位生活在那个时代的建筑家安东尼奥·马内蒂（Antonio Manetti，1423—1497）在为布鲁内莱斯基所做的传记中描述说，布鲁内莱斯基绘制了“罗马以及周边地区几乎所有建筑物的图纸，记录下尽可能精确的宽度和高度尺寸。在许多地方，他甚至叫人挖掘以便看到建筑物各部分的连接以及它们的特点。”㊀他在罗马住了 13 年。通过仔细考察，他“发现古人的建筑方式与当时的迥然不同，惊异不已。他全神贯注地关注着这种形式与秩序——建筑物的结构、平衡、局部、形式与功能的统一、解决两者矛盾的方法以及装饰，从中看到古建筑的精美绝伦与神奇之处。”[6]130

经过长时期的考察、探索和模型试验，布鲁内莱斯基确信自己终于找到解决问题的秘方。1418 年，佛罗伦萨市政当局再次告示天下征集大教堂穹顶建造方案。布鲁内莱斯基用砖头制作了一个直径 1.8 米、高 3.6 米

㊀ 正是在这段时期的古建筑测绘记录过程中，布鲁内莱斯基发明了科学的透视绘图技法。

的模型来说明自己的想法：他准备在不制作整体模架和脚手架的前提下去实现内里·迪·菲奥拉万蒂在半个世纪前提出的穹顶建造构想。这实在是一个惊世骇俗的计划！在当时的人看来，即使是最小的拱顶也是需要在木模架的辅助下才能够铺设起来的。但是布鲁内莱斯基的模型或者更准确地说是他的勇气打动了市政当局[一]。在排除了各方质疑之后，1420 年 8 月，布鲁内莱斯基终于获得市政当局授权，开始建造这座大穹顶[二]。他亲身参加了整个施工过程，指导工人克服了一个又一个困难。1436 年，穹顶的主体部分终于成功完成。

关于这座穹顶是如何建造起来的，600 年来已经有许多人写了许多论文、著作甚至制作模型试图加以说明或验证[三]。在我看来，这是一项极为艰巨困难的工程，尤其是在当年那样一种十分有限的施工技术和条件下，只有真正的天才才能够完成这件“不可能完成的”工作。

布鲁内莱斯基所要面对的第一个艰巨挑战就是如何能够将成百上千块单一重量超过 700 公斤的石块运送到 50 米以上的高空中去。他为此发明了一套被称为“牛力吊车”的机械设备，完全用木头建造，仅用一头牛带动就可以在短短 13 分钟内将这 700 公斤重的石头吊送到高空中（这还没有算上用来吊运石头的特制绳索，其本身重量就达到数百公斤），而后再通过巧妙的离合控制装置切换滑轮组的转动方向，在不改变牛行走方向的前提下，再将空的吊篮安全运回地面。这套设备每天平均工作 55 次，一直安全运作直到整个工程结束，从未出现较大故障，一共将多达 30000 多吨的建筑材料运送到最高超过 90 米的高空。

[一] 瓦萨里在书中记载了这样一件趣事，当这位还从来没有建造过一座建筑的金匠赢得市政当局的认可之后，其他工匠们心中不服，提出要看他的模型。布鲁内莱斯基却提议大家来个比赛，看看谁能将鸡蛋竖立在一块石板上，就让谁来建穹顶。其他人都办不到，最后只剩下布鲁内莱斯基。只见他从容不迫地将鸡蛋的一头在石板上轻轻一敲就将鸡蛋立住了。匠人们看了后愤愤不平：如果这样的话，他们也能办得到。布鲁内莱斯基笑着说：“如果你们看了我的模型，你们也能将穹顶建起来。”这个故事真假不论，鸡蛋壳的力学特性或许真的对布鲁内莱斯基有过启发。

[二] 市政当局在竞赛发起时曾经宣布，要奖励给获胜者 200 个弗罗林金币（Florin，每个约含 3.5 克纯金）。但是出于对布鲁内莱斯基方案的不完全信任，市政当局拒绝给付这笔奖金。

[三] 有关这座穹顶的详细建造经过，加拿大作家罗斯·金的《布鲁内莱斯基的穹顶》（社会科学文献出版社）有精彩的描述。

但是这个牛力吊车只能垂直地吊运货物，还需要有另外一套设备配合才能够将建筑材料进行横向传递。布鲁内莱斯基为此又发明了一套被称为“城堡”（Castello）的吊车，安装在穹顶已建成的部位上，并且能够伴随着穹顶的增高而渐次向上移动。在那样一个遥远的年代，这实在是一个难以想象的了不起的发明。

布鲁内莱斯基需要接受的第二个艰巨挑战是如何在没有整体模架的情况下砌筑穹顶。如果有模架来辅助的话，八边形平面的穹顶砌筑原本不是特别难的问题，只是因为谁也无法解决如此大跨度模架的蠕变问题，所以布鲁内莱斯基不要模架的想法才能够被能接受。但是问题在于，除非是具有自我闭合特征的圆形平面，任何其他形状的拱顶或者穹顶都是无法在施工过程中实现自我支撑的。无怪乎当时还没有成名的阿尔伯蒂在参观了刚建成的穹顶之后认为，在这座八边形穹顶的墙壁内部一

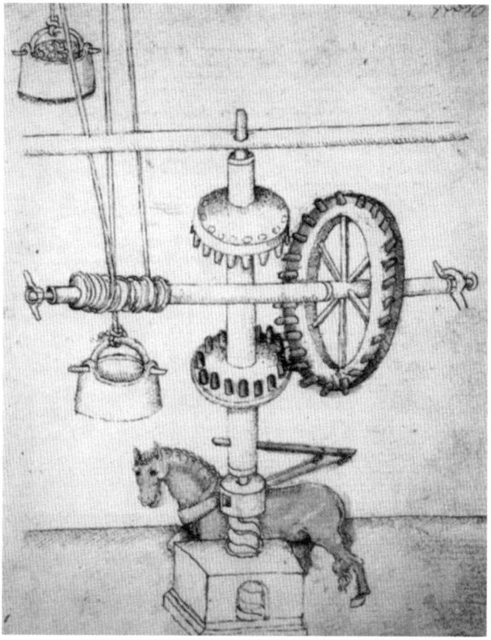

布鲁内莱斯基发明的牛力吊车，绘图者误将牛画成马（Taccola 绘于 1430 年左右）

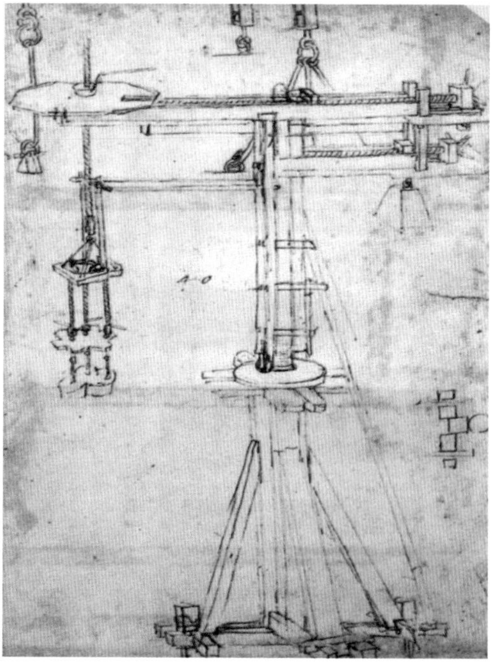

布鲁内莱斯基发明的『城堡』吊车（达·芬奇绘图）

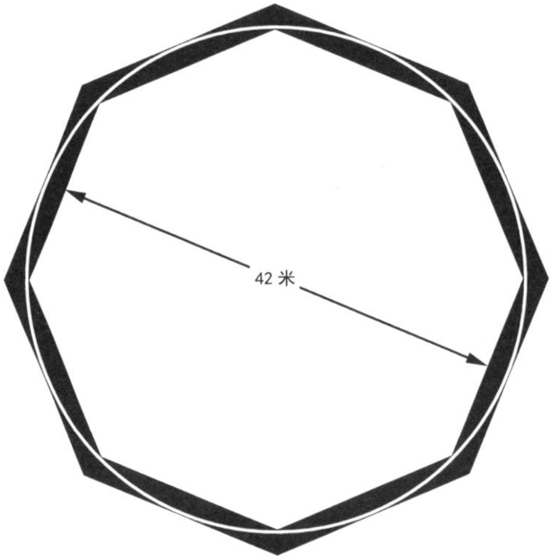

包含在佛罗伦萨大教堂八边形内层穹顶厚度中的圆形示意图

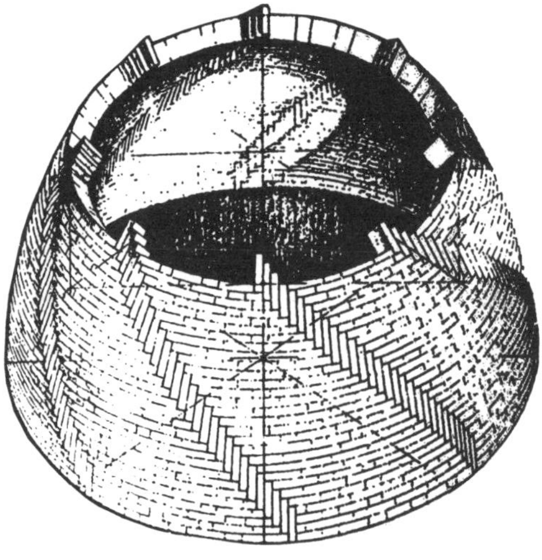

采用鱼骨式砌筑法建造大教堂穹顶（F. Gurrieri 绘制）

里奇教授团队建造的模型，其上部采用鱼骨式砌筑法

定是“包含着一个真正的圆形穹顶。”英国结构工程师罗兰德·梅因斯通（Rowland Mainstone）在 20 世纪 70 年代曾经提出一个观点，认为布鲁内莱斯基实际上是把这个看起来是八边形平面的穹顶（内层穹顶底部厚约 2.2 米）按照圆形穹顶的方式来进行建造，圆形之外的那些部分则是依靠特别设计的“鱼骨式”（Spinapesce）砌筑方式来加以固定；而在相对较薄不可能包含圆形的外层穹顶(底部厚约 1.5 米)，则通过多达 9 圈的水平圆环拱予以支撑。[7]118-120

但是也有许多结构专家不认同这个观点。佛罗伦萨建筑家保罗·罗西（Paolo Rossi）认为这道圆环太薄，难以起到承载作用。他认为真正起作用的应该主要还是那些“鱼骨”。佛罗伦萨大学的马西莫·里奇教授（Massimo Ricci）也这样认为[8]，他甚至在 1989—2007 年组织学生使用“鱼骨”砌筑法在不使用模架的相同条件下，在佛罗伦萨郊

区砌筑了一个 1:5 的模型进行验证。里奇教授的这个模型没有最终完成，他决定保持这样一种未完成状态以便后人进一步研究（实际上，模型试验能够成立的做法不一定在放大五倍之后还能够成立）。

在这座穹顶的建造过程中还有其他许许多多难以想象的困难和挑战，在此就不一一勉为叙述。正如与他同时代的工程师塔科拉（Taccola，1382—1453）所说："奥妙存在于建筑师的思维和智慧中，而不是文字和图画中。"[7]131 也许将来有一天，结构专家们能够真正破解这座穹顶的秘密，毕竟布鲁内莱斯基是一位真正的天才，而且是一位戒备心极强的天才，他对这座穹顶的建造方法守口如瓶，片纸只字也不肯留给后人。

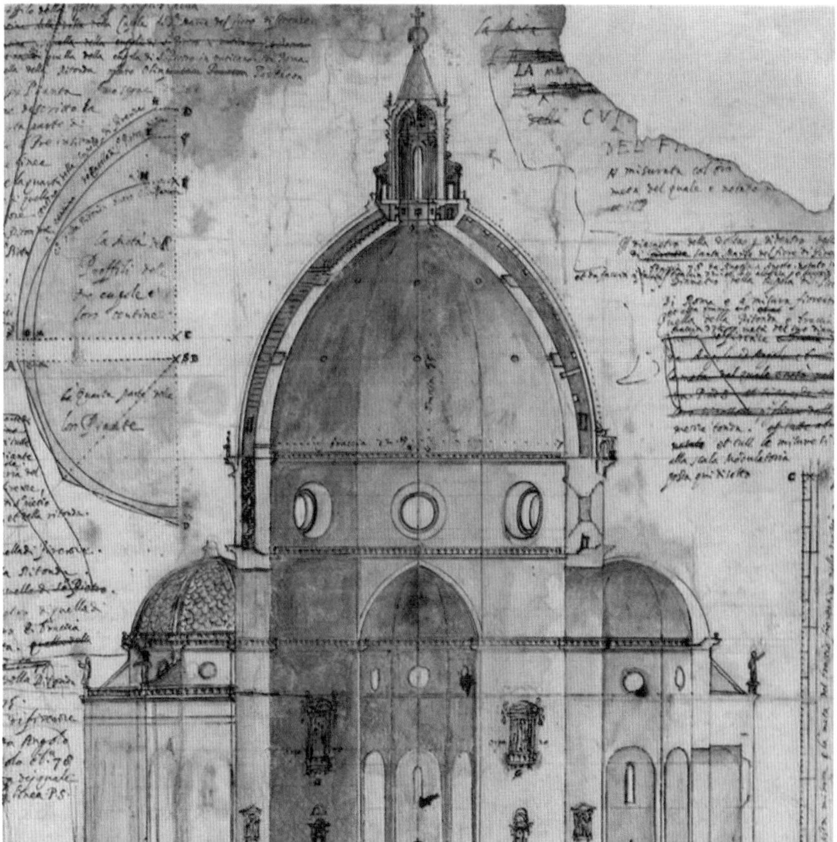

布鲁内莱斯基的穹顶设计（Cigoli 绘于 1610 年）

佛罗伦萨大教堂穹顶仰望。在其建成100年后，瓦萨里奉命在其内表面绘制壁画《最后的审判》（摄影：L. Andronico）

1436年，教皇尤金四世（Pope Eugene Ⅳ，1431—1447年在位）为佛罗伦萨大教堂举行祝圣礼，宣告穹顶主体部分顺利完成。它从天窗底部到地面的高度达到惊人的93.8米（308英尺），比古罗马万神庙和中世纪博韦大教堂叠加在一起还要更高。

紧接着，布鲁内莱斯基又赢得穹顶采光亭的建造权，并为其设计了新的专用起重设备。1461 年，采光亭顶上的铜球安装完成，最后的高度为 123.1 米（404 英尺）。但是布鲁内莱斯基没有能够看到这最后一幕，他于 1446 年去世。佛罗伦萨市政当局曾经在 1400 年下令禁止在大教堂内修建墓室，但是现在他们决定为这位伟大的天才破例。布鲁内莱斯基最终长眠在他亲手建造的穹顶之下。

瓦萨里在布鲁内莱斯基的传记中写道："敢说古人的建筑从未有过这样的高度，他们绝不敢冒与天挑战之险。此建筑显然在向天挑战，它高入云霄，佛罗伦萨四周的山峦黯然失色。真的，苍天似乎也酸溜溜的，因为阳光日日照耀着圆顶。"[1]83 尽管这座穹顶的哥特式尖拱仍然清晰可辨，但它与当时统治西欧大陆的"火焰风格"哥特建筑纷繁而神秘的总体氛围是完全不同的。同时，它作为罗马帝国灭亡以后意大利人第一次建造起的巨型穹隆结构，极大地唤起了意大利人沉睡已久的对自身悠久历史和古老文化的自豪感。因此，它从开始建造的那一天起，就注定会成为新时代的宣言书。

佛罗伦萨大教堂远眺

1-3 佛罗伦萨的圣约翰洗礼堂

佛罗伦萨圣约翰洗礼堂西南方向外观

圣约翰洗礼堂南门，上面20格讲述的是圣约翰的生平，下面8格表现『美德』的形象

在主持佛罗伦萨大教堂穹顶建造工作之前，布鲁内莱斯基只是一位普通的金匠，同时也承担一些雕塑任务，但从未有过建造房屋的经验。他首次成为众所瞩目的对象是在参加位于大教堂西侧的圣约翰洗礼堂（Baptistery of Saint John）大门竞赛的时候。

对于这座洗礼堂，佛罗伦萨人宣称它最早建造于罗马帝国时代，是献给战神玛尔斯的神庙，后来在6世纪或7世纪时改为洗礼堂。不过这后一个时间可能才是它真正问世的时间。以后它又在11—12世纪时进行重建。它的平面也是八边形，穹顶直径约27米。

洗礼堂共有三座青铜制作的大门，其中南门是由安德烈亚·皮萨诺（Andrea Pisano，1290—1348）在1330年制作的，原本安放在正对大教堂的东门上，后来在1452年新东门制作完成后被改放到南门。

1401年，佛罗伦萨细呢绒行会（Arte di Calimala）发起洗礼堂北门设计竞赛㊀，时年24岁的布鲁内莱斯基参加了这次竞赛，同时参加竞赛的还有比他小一岁的雕塑家洛伦佐·吉贝尔蒂（Lorenzo Ghiberti，1378—1455）等六人。竞赛的题目是旧约故事“以撒献祭”。在所有的参赛作品中，布鲁内莱斯基和吉贝尔蒂的作品最有竞争力，难分高下。由于布鲁内莱斯基拒绝与对手合作，最终评委会将建造任务委托给吉贝尔蒂。吉贝尔蒂随后用了22年的时间才最终完成这件作品。而受此挫折，布鲁内莱斯基终身不愿再从事青铜雕塑工作。他远赴罗马开始研究建筑，并终于在多年后的大教堂穹顶竞赛中击败同样参赛的吉贝尔蒂。㊁

布鲁内莱斯基的参赛作品人物姿势较为生动，但是需要分成多块分别浇注

吉贝尔蒂的参赛作品是整体浇注出来的

㊀ 细呢绒行会是佛罗伦萨七大行会组织之一，主要从事进口呢绒的再加工生产和贸易。该行会赞助北门制作的举动被认为是与正在赞助大教堂工程的另一大行会组织羊毛商行会（Arte della Lana，主要从事羊毛原料加工）相互竞争的象征。

㊁ 由于对毫无实际建造经验的布鲁内莱斯基不能完全信任，市政当局委任吉贝尔蒂担任布鲁内莱斯基的助手。但在实际建造中，布鲁内莱斯基完全抛开了吉贝尔蒂。

『天堂之门』局部，右下角为吉贝尔蒂自己创作的本人头像

1424 年，已经成为大雕塑家的吉贝尔蒂又接受委托设计洗礼堂朝向大教堂的东门。他用 28 年的时间来完成这项工作。这是一件真正的旷世杰作。多年之后，声望如日中天的米开朗基罗毫不吝惜地称颂它为“天堂之门”。

1–4 佛罗伦萨的帕齐礼拜堂

布鲁内莱斯基雕像（L. Pampaloni 作于 19 世纪）

在布鲁内莱斯基之前，主持建筑的工匠们只是被当作体力劳动者加以对待，即使他们完成了再宏伟的建筑，也不会有多少人对他们的个人生平故事感兴趣并且愿意将之流传给后人。但是布鲁内莱斯基以其不靠模架就能实现穹顶建造的不可思议的壮举改写了历史。从他开始，建筑设计被认为是一件需要极高的智慧才能够胜任的脑力劳动工作。

在大教堂穹顶建造的同时，各种工程建设任务源源不断地向布鲁内莱斯基涌来。在这些项目中，他把此前对古罗马建筑的深入研究和体会完全融合进去，开创了与中世纪哥特风格截然不同的崭新的建筑美学风潮。

帕齐礼拜堂外立面

1429 年由布鲁内莱斯基设计的帕齐礼拜堂（Pazzi Chapel）是一座不大的建筑，但却在建筑史上拥有很大的名气。它紧挨着圣十字教堂，主要是作为教士们的会议室使用。它的正面是由 6 根科林斯柱子形成的门廊，其中正中一间特别宽，其上方一个大券；两侧则用平额枋，与中央一间形成虚实和方圆对比，简洁有序而不失变化。这样的立面处理方式在古代虽有但比较少见，经过布鲁内莱斯基的挖掘，从此就流行起来，以后成为西方古典建筑语言㊀的重要组成。

帕齐礼拜堂平面图（C. H. Moore 绘制）

帕齐礼拜堂门廊中央是一个直径 5 米的小穹窿，内部则有一个直径 10.9 米、高

㊀ 萨莫森认为，一座被形容为“古典”的建筑，其主要装饰构件应直接或者间接地采用古代希腊与罗马时代的建筑语汇（例如柱式、山花等），并且具有和谐的比例关系。（参见《建筑的古典语言》）

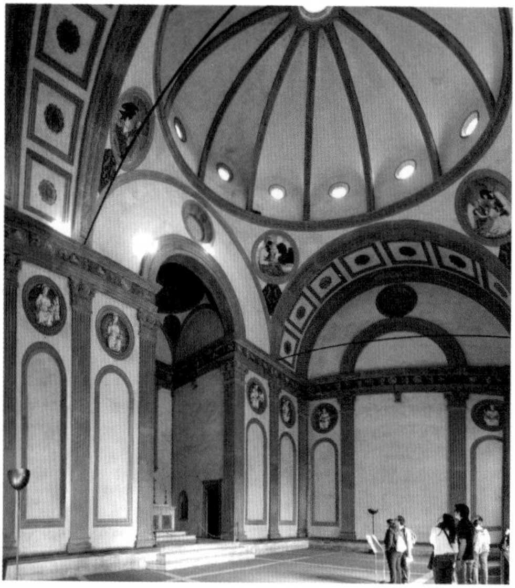

帕齐礼拜堂内景

20.8 米的大穹顶，几乎占满了整个内部空间，只是两侧还留有不长的筒形拱，形成横向比纵向更长的特别的空间形态。礼拜堂的后方设有一个凹入的圣坛，其上也有一个小穹顶，与入口小穹顶形成前后对称的别致构图。

这个中央穹顶与大教堂穹顶很不一样，它并不是建造在意大利常见的圆形或者八边形平面上，而是建造在一个正方形平面上，通过帆拱（Pendentive）过渡成圆形平面。这种结构虽然早在 6 世纪就由拜占庭的工匠们发明并使用，但是在罗马似乎并无类似的例子可供参考，所以有人认为布鲁内莱斯基很可能是自己独立琢磨出来的。[9]44

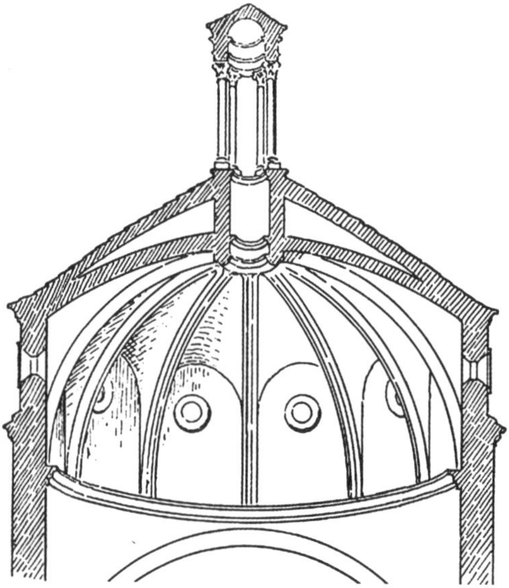

帕齐礼拜堂主穹顶剖视图（C. H. Moore 绘制）

其上的穹顶建造则是按照哥特时代交叉拱的结构方式进行，12 个方向的小拱分别架在 12 道主拱肋间，下方开口正好作为采光窗。在其外侧也像大教堂一样叠加了一个外层穹顶以掩盖小拱的瓜棱状鼓起。这种双层穹顶的做法早先就有，并非这个时代首创。

礼拜堂内部墙面设计具有与外立面相似的轻快雅洁特点，墙面是大面积的白色，映衬着作为构架的深色壁柱、檐部、拱券和构架穹顶的骨架券，结构条理非常清晰。这种处理方式是布鲁内莱斯基特有的风格。

1-5 佛罗伦萨的天神之后堂

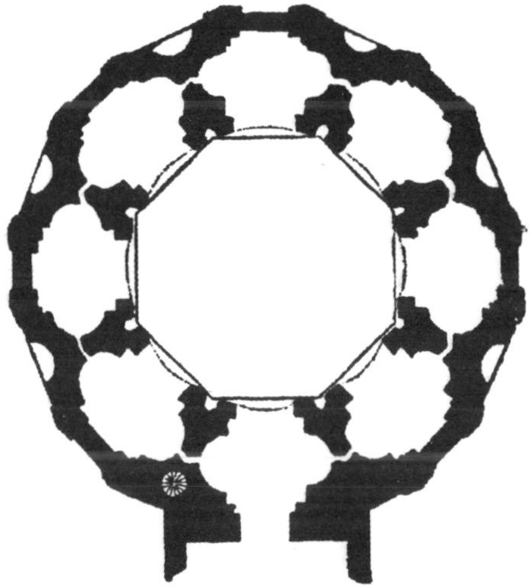
天神之后堂平面图

帕齐礼拜堂差不多可以称为是一座以穹顶为中心的集中式建筑，虽然在构图上还不够完整。这种平面布局具有强烈的形式感，与强调实用的巴西利卡教堂截然不同，因而深受决意与哥特风格切割的意大利文艺复兴建筑师的喜爱。

天神之后堂外观

文艺复兴时期第一座真正的集中式建筑佛罗伦萨的天神之后堂（Santa Maria degli Angeli）也是由布鲁内莱斯基设计。其中央也是八边形穹顶，外部均匀环绕着七座小礼拜室和一个入口门厅。不过这座教堂没有能够在当时建成，其穹顶部分直到 1930 年才加以建造。

1-6 佛罗伦萨的育婴院和圣母领报广场

育婴院门廊内部，柱子高度与开间跨度和进深相同

1419年开始建造的佛罗伦萨育婴院（Ospedale degli Innocenti）是布鲁内莱斯基在大教堂竞赛后获得的第一批项目之一，以其比例和谐的连拱廊展现了古典而轻快的立面形象。这座育婴院是由丝绸商行会（Arte della Seta）赞助的，是欧洲第一家非教会主持的专事收养孤儿的地方。布鲁内莱斯基的唯一继承人就是在这里被他领为养子。

育婴院门廊外观

育婴院门前是圣母领报广场（Piazza della Santissima Annunziata）。在育婴院门廊建设 90 年之后，建筑家老安东尼奥·达·桑加罗（Antonio da Sangallo the Elder, 1453—1534）接到了在育婴院对面设计圣母忠仆会（Loggia dei Servi di Maria）建筑立面的设计任务。他克制住自我表现的冲动，而是决定追随前人的设计，设计了一个与育婴院一模一样的门廊。又过了 90 年，第三位建筑家乔瓦尼·巴蒂斯塔·卡奇尼（Giovanni Battista Caccini，1556—1613）循着先人的足迹完成了广场的第三个立面——圣母领报教堂（Basilica della Santissima Annunziata）门廊的设计。

圣母领报广场，右侧为育婴院，左侧为圣母忠仆会门廊，正前方为圣母领报教堂（G. Zocchi 绘于 18 世纪）

曾经在 1950—1970 年时期担任美国费城总规划师的埃德蒙·N. 培根（Edmund N. Bacon，1910—2005）在其所著《城市设计》一书中论及此事时，提出一个所谓“后继者原则”[10]109：城市设计中的每一位后继者都应该在前人智慧和创造的基础上去加以完善和丰富。对于圣母领报广场的今日而言，第二位建筑师桑加罗的作用功不可没。尽管他选择延续前人的风格，而没有创造出独具个人特色的艺术作品，但是他就像排球比赛中的二传手一样，通过他的努力使得前人的智慧得以一代一代地流传下去，而不是半途湮没，最终成就了可爱的广场和可爱的城市。“功成不必在我”，只要心中怀着美好的愿望，求仁得仁。这样才真正称得上是了不起的建筑师吧。

1-7 佛罗伦萨的圣灵教堂

在育婴院门廊设计中，布鲁内莱斯基特别强调各部分比例的和谐统一。这一点很快就将成为新时代建筑的主要特色。最能代表布鲁内莱斯基建筑新思想的作品当属1428年开始建造的佛罗伦萨圣灵教堂（Basilica of Santo Spirito）。

在这座教堂中，布鲁内莱斯基以十字交叉部的正方形开间为基本模数和教堂内部空间秩序的标尺，将它应用到教堂每一部分的长、宽、高的比例中去：横厅和圣坛都是同样的正方形，中厅由4个正方形组成，侧廊的开间是小一半的正方形，侧廊的高度是宽度的两倍并且等于中厅的宽度，中厅的高度也是宽度的两倍，如此等等。这样一来，就使得空间的比例和秩序感达到了极致，整个空间完全被统一在单一构思、单一法则和单一度量单位之中。

在中世纪，哥特教堂在设计的时候也会使用数学比例来确定某些部位或细节的位置关系，但是一般来说，他们所侧重的是构图的几何关系。例

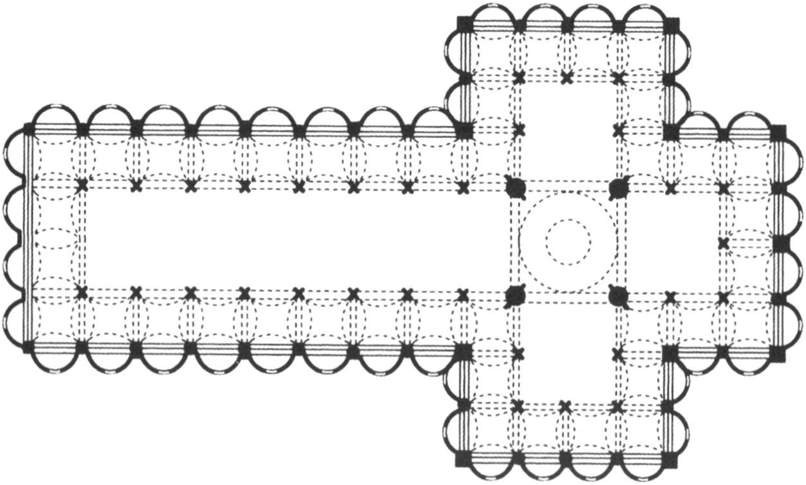

圣灵教堂原始设计平面图。布鲁内莱斯基原本打算将教堂外部直接表现为一系列连续的半圆形外突，但最终还是被包成直线

如米兰大教堂就是一个典型的例子，以等边三角形的顶点、等分点以及通过这些点的水平线、垂直线和斜边的平行线等，作为建筑各部分位置和比例关系的控制手段。这种构图关系通常只能通过作图方式获得，其各比例段的长度通常是无理数，无法用简明的数字加以描述。而与之相比，佛罗伦萨圣灵教堂所采用的比例关系则更多是一种算术比例[11]150，虽然这些比例关系也可以用几何图形表达出来，但是建筑师更关心的是像1、

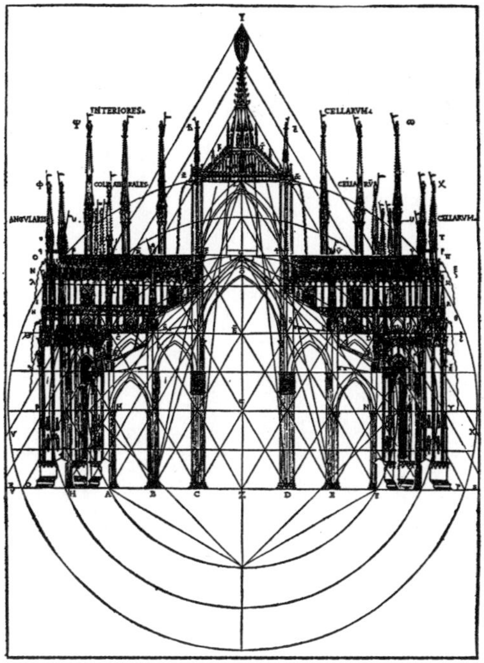

米兰大教堂的比例构图分析（L. Beltrami绘制）

圣灵教堂中厅，向圣坛方向看

圣灵教堂内景，从侧廊望向中厅和圣坛方向

2、4、8 这样更加简洁明了的数字。至于这些数字相互间在平面上或者空间中的视觉联系，这个并不是首要考虑的地方，更不需要在主观感受上强烈地表达出来。这并不是说他们不在意建筑所应传达给人的美的感受，恰恰相反，他们相信，只要在建筑中充分应用这些虽然简单但是相互间以共同的比例关系实现逻辑联系的数字，就一定会是美的建筑，因为“数是万物之本”。他们所追求的并不只是感性之美，更是理性之美。

意大利建筑家布鲁诺·塞维（Bruno Zevi，1918—2000）评价说：“随着布鲁内莱斯基，首次出现了一种局面，不再由建筑物来左右观者，而是观者通过认识贯穿在该空间里的简单规律而把握建筑物的奥妙。……人们不复为早期基督教的节奏感所打动，不复因拜占庭时期奔放的透视效果而迷乱，不复为罗马风的节奏缓慢而幽暗的连续开间所吸引，也不复为哥特风格的神秘高度以及纵深的强烈效果而激动并且感到精神痛苦。”[12]65-66 这种完全由人类理性知识所控制的空间感受是文艺复兴建筑与哥特建筑的一个主要区别。

这不仅仅是一种风格上的区别，这更是建筑发展历史上一个非常重要的分水岭。在中世纪，建造一座教堂这样的公共建筑，要遵循的只是一种基本思路下的整体统一，并没有确定无疑的设计图纸来进行命令式的施工。这样一种基本思路与时间没有特别的关系，能够允许建筑局部随着时间的推移发生改变，可以进行局部的更替甚至嫁接。它最终的样子没有人能够从一开始就预见到。而从文艺复兴开始，建筑——特别是重要建筑，通常表现出一种单一思路下从整体到局部的高度统一，就像在圣灵教堂中我们所看到的一样。

在中世纪，建筑要遵循的基本思路通常是一种类型学意义上的思路，是之前已经建立起来，并且能够被每一个人所理解和接受的思路，例如讲到哥特式，我们脑子里都会产生一个大致的形象。虽然每个人对于同一种类型的理解会有偏差，喜好会有不同，技法的熟练程度会有差异，但是这些都不会对基本思路造成重大影响。于是中世纪的建筑就可以真正成为集体智慧的结晶，每个参与工程的人都可以用自己独有的方式为建筑添砖加瓦、各展风骚，共同分享建筑的荣誉和快乐。这样建造出来的教堂，尽管在整体上可能会存在不一致或不统一的缺陷，尽管有时候从技法上看显得比较粗糙甚至幼稚，但是其中每一个细节所蕴含着的劳动者的智慧、骄傲和对生活的挚爱至今仍能让我们深深感动。而在文艺复兴以后的建筑中，为了要保证单一的思路得到贯彻，建筑必然是由个别人负完全责任，由个别人进行创作，荣誉也归属于个别人。

这种趋势发展下去，建筑中将会越来越难以看到普通劳动者的机智和激情，建筑留给普通劳动者的创造空间将会越来越小，普通劳动者将会越来越被局限于纯粹的劳动地位，而建筑上的一切荣耀和成就将会越来越集中在某一个艺术家的身上。有人形容得好：“皓月当空之际，群星便失去了光芒。”可是即使是天才艺术家，他的精力和能力毕竟是有限的，他可以顾得了头，却不一定能顾得了尾；他能够勾勒出宏伟的整体，却不一定能刻画出每一个精彩的细节。即使是这样，还得取决于他是一位天才。当然，布鲁内莱斯基确实是一位天才。

1-8 佛罗伦萨的圣洛伦佐教堂和老圣器收藏室

圣洛伦佐教堂中厅，向圣坛方向看

圣洛伦佐教堂老圣器收藏室

与圣灵教堂相比，布鲁内莱斯基接受佛罗伦萨圣洛伦佐教堂（Basilica di San Lorenzo）设计任务的时间要稍早一些，所以在风格的成熟度和完美度上要比圣灵教堂稍稍弱一些，但是两者之间的相似性是一目了然的，毕竟它们都是同一个天才的智慧产物。

这座教堂在建造中得到银行家乔万尼·德·美第奇（Giovanni de' Medici，1360—1429）的大力赞助。这位施主和他的妻子去世后就埋葬在也是由布鲁内莱斯基设计的位于教堂横厅南端的老圣器收藏室（Sagrestia Vecchia）里。这座小型建筑的平面也是正方形，其上是与帕齐礼拜堂做法相似的穹顶，不过其建造时间要更早一些。

1—9 美第奇家族

活跃在那个时代的建筑家兼雕塑家菲拉雷特（Filarete，1400—1469）在其著作《建筑学论集》（Trattato di architettura）中将赞助人和艺术家比作是艺术作品的父亲和母亲：“没有赞助人的友好意愿，建筑师就会像一个全然不能抵触丈夫意志的妻子一样。”[13]在他看来，艺术创作中的决定性人物是赞助人而非艺术家。佛罗伦萨银行业巨头美第奇家族就是开启意大利文艺复兴运动的决定者。

《布鲁内莱斯基向科西莫·美第奇展示圣洛伦佐教堂模型》（瓦萨里绘）

美第奇家族早年主要从事羊毛纺织业。1397年，乔万尼创建了美第奇银行。通过与教皇结盟，美第奇银行迅速成为意大利乃至全欧洲最大和最重要的金融机构。乔万尼没有政治野心，一生小心谨慎。但他的儿子科西莫（Cosimo de' Medici，1389—1464）却决心要把财富转化为政治势

美第奇府邸转角处的美第奇家族族徽。其设计原型按美第奇家族的解释是战斗中被击打变形的盾牌，而大家普遍相信的另一种解释则是药丸，暗示该家族的最初职业

《三王的行列》（B. Gozzoli 1459 年绘于美第奇府邸小礼拜室）。一般认为，这幅大型壁画为我们留下美第奇家族的群体肖像：右侧王子模样的少年是洛伦佐，当时他只有 10 岁；在他身后骑白马的是科西莫，而皮耶罗骑红马走在最左侧

力。在他的努力下，美第奇家族迅速成为佛罗伦萨最有势力的政治力量。1433 年，科西莫曾经一度被敌对家族联手处以 10 年流放，但仅过了一年，他就在支持者的簇拥下返回佛罗伦萨。从 1434 年到 1492 年，科西莫和他的儿子皮耶罗（Piero de' Medici，1416—1469）、孙子洛伦佐（Lorenzo de' Medici，1449—1492）通过财富操控选举，牢牢掌握了佛罗伦萨的政治主导权，成为共和国的无冕之王。包括乔万尼在内，他们祖孙四代都是文学和艺术的爱好者，得到他们慷慨赞助的艺术家——布鲁内莱斯基就是其中最突出的一位——不计其数。正是在他们的倡导下，美术首先在意大利被从一种低级技能提升为高级职业，为新兴的文艺复兴艺术家提供了广阔的创作舞台，使佛罗伦萨昂首站在文艺复兴艺术发展的最前头。他们所影响的这段时间后来被伏尔泰（Voltaire，1694—1778）赞誉为是西方文明史上可以与古希腊亚历山大大帝（Alexander the Great，前 336—前 323）、古罗马奥古斯都（Augustus，公元前 63—公元 14）和法国路易十四（Louis XIV，1638—1715）这三位伟大君主相提并论的四个“兴盛昌隆”的时代之一。[2]1

1-10 佛罗伦萨的美第奇府邸

1444 年，科西莫决定在圣洛伦佐教堂附近建造一座新的宅邸，他最初选定的建筑师是布鲁内莱斯基。但据说布鲁内莱斯基未能很好领会雇主的意图，将它设计得过于宏大，像一座真正的罗马宫殿。虽然科西莫已经是佛罗伦萨事实上的统治者，但并没有确定的头衔，他总是小心谨慎避免招致他人的妒忌和不满。科西莫否决了布鲁内莱斯基的方案，转而委托不那么有名的米开罗佐（Michelozzo，1396—1472）加以完成。㊀

这座府邸（Palazzo Medici）㊁是文艺复兴初期宫殿府邸建筑的代表作。它的外立面分为三层，底层使用粗面石工（Rustication）㊂，二层用平整但

美第奇府邸东南角外观。在建筑沿街一侧，美第奇家族特意要求工匠制作一排靠墙石凳，提供给过往市民小坐休憩。这种做法后来在意大利成为一种习俗

㊀ 据说布鲁内莱斯基闻讯大怒，将自己为其制作的模型摔个粉碎，他的设计方案没有保存下来。
㊁ 本书按照中文习惯，将王侯住宅翻译成“宫”，而非王侯住宅一般翻译为“府邸”，以示区别。
㊂ 所谓粗面石工是指让石头表面仍然保留开采时的粗糙模样，具有原始的力量感。

15 世纪时的美第奇府邸东侧主立面。15 世纪初建的时候，该立面底层只有三个门洞，二、三两层各有 10 扇窗子。17 世纪时，该建筑被转让给美第奇的家臣里卡迪（G. Riccardi）并进行扩建，形成今日的规模

砌缝较宽较深的石块，三层则磨石对缝。这样一种处理方式使得由下往上墙壁由厚重而渐趋轻快，从而给人以安定稳妥之感。这种思路与古罗马角斗场由下至上立面柱式的选择是一致的。每一层都做有檐口，其中一、二两层的檐口出檐较浅，兼作为上一层的窗台使用。而顶层檐部出挑很深，其厚度约占总高的 1/8，大概是为了在整体上与古典柱式比例相呼应。

美第奇府邸平面图

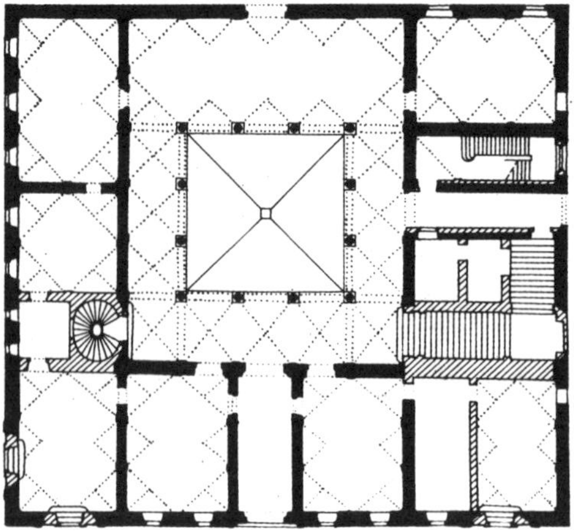

建筑底层高度较大，原本只开有门洞而没有开窗，防御意味十分浓厚，因为这个时代经常发生街头抗争和暴力冲突。二、三两层的窗子式样是带有中世纪遗风的拱券双联窗，窗洞上下对齐，不论内部格局怎样，窗洞左右间距均完全相等，体现了有别于中世纪房屋根据需要随意开窗的新气象。

美第奇府邸庭院

府邸的平面近似方形，中央是一个柱廊环绕的庭院。在这里，特别值得注意的是转角处的处理方式。这个柱廊采用“育婴院”式的连拱廊设计，所有的柱子都完全相同。这种布置方式从平面图的角度看是很正常的，从受力原理上来看也是合理的，但是在现场给人的实际感受却是很不正常很不合理。这是因为转角柱两侧的拱券厚度相互重叠而各自掩盖，结果就是拱券落到柱头上的部分从庭院看去显得过于尖锐，非常虚弱而难以令人信服。这种危害也波及上层立面。靠近转角的窗子

美第奇府邸庭院转角

明显有一种受到挤压的感觉，使得整个立面构图很不协调。用英国哲学家罗杰·斯克鲁登（Roger Scruton，1944—）的话说，这个角落的设计充分表明“实际的结构”与“感觉的结构”之间有时会有很大的出入。[14] 对于一座建筑来说，实际的结构当然是重要的，但是感觉的结构也应该同样重要。如果感觉出了岔子，再实际有效的结构也是有口莫辩的。

18 世纪初，人们曾在这座府邸的入口处写下一段铭文概括美第奇家族的贡献。它提醒每一位游客，他们将要踏入的是这样一座建筑，正是在这里，“拉丁和希腊文学得到恢复，视觉艺术得到培养，柏拉图哲学得到复苏，……这不仅是许多杰出人物而且也是智慧女神本人居住的住宅，即所有在此复兴的知识的聚居地。由衷地尊崇它吧。”[3]27

1-11 多纳泰罗

多纳泰罗《大卫》

在美第奇府邸的庭院中，1440 年，雕塑家多纳泰罗（Donatello，1386—1466）为科西莫创作了青铜雕像《大卫》，这是古典时代结束以来西欧第一尊与真人同大的独立式全裸雕像。

多纳泰罗是布鲁内莱斯基的好朋友。在布鲁内莱斯基因为洗礼堂北门竞赛失利而远走罗马期间，多纳泰罗一直伴随在他身旁。不过不像布鲁内莱斯基将兴趣完全转向建筑，多纳泰罗的兴趣则始终留在雕塑领域。他一生创作了无数作品，将雕塑艺术重新推向顶峰。

在多纳泰罗建议下，科西莫收集了许许多多古代雕像、石棺、柱头、花瓶、建筑饰物和绘画，并将其陈列在宅邸旁的花园里，然后出资选拔赞助有潜力的青年才俊前来学习。瓦萨里说：“所有在美第奇花园中研究而且被洛伦佐所喜爱的学生都变成杰出的艺术家。这只能归功于这位大赞助人的精微判断……他不仅能辨认出天才，而且还能酬报他们的意志和力量。”[15]日后，米开朗基罗就是从这里迈出伟大艺术生涯的第一步。㊀

多纳泰罗画像（约绘于15世纪末）

多纳泰罗深得科西莫和皮耶罗的喜爱，一生无忧，1466年以80岁高龄去世。按照遗愿，他被安葬在科西莫的墓旁。

多纳泰罗《希律王的宴会》。这是较早运用由布鲁内莱斯基发明的透视技法创作的作品之一

㊀ 米开朗基罗在这里练习创作的第一件作品是老态龙钟的农牧之神。洛伦佐·美第奇看了之后大笑：“老人不会满口牙的。”米开朗基罗于是就敲掉其中的一颗牙，还在牙床上凿了个洞。这事给洛伦佐留下深刻印象，他把米开朗基罗收养在家中，提供最好的学习条件，还给他一笔不菲的薪水以补贴家用。米开朗基罗在这里学习了4年时间，直到洛伦佐去世。

第二章 阿尔伯蒂

『著书立说比任何形式更具影响力和生命力。』

2-1 《建筑论》

在布鲁内莱斯基作品中所展现出来的具有古典罗马气息的协调和秩序的美打动了他周围的许多人。人们忽然间发现自己已经有能力去恢复，或者说去复兴那些曾经在1000年前被“野蛮的哥特人”所摧毁的属于古罗马和意大利的荣誉，于是很多建筑家纷纷起来效法布鲁内莱斯基的设计意匠，钻研古典建筑美学。就这样，在经历了漫长中世纪的意大利，一个久已未见的艺术繁荣的新世界突然出现了。

阿尔伯蒂像

莱昂·巴蒂斯塔·阿尔伯蒂（Leon Battista Alberti，1404—1472）是布鲁内莱斯基之后新一代建筑家中的佼佼者。他出生在被流放的佛罗伦萨富商之家，从小就受到良好的教育，法律、文学、

音乐、美术、数学、工程、地理样样精通，甚至还是一个运动健将——据说他能够将一枚硬币扔上佛罗伦萨大教堂的穹顶！在建筑领域，他在 1452 年完成的《建筑论》（De re aedificatoria）一书，是自从维特鲁威（Vitruvius，前 80/70—前 15）写作《建筑十书》（De architectura）以来西方第一部重要的建筑理论著作，奠定了文艺复兴建筑理论的基石，影响非常深远。

维特鲁威是罗马帝国第一位皇帝奥古斯都时代的建筑家，他于前 30 年左右开始写作的《建筑十书》是古罗马时代唯一一部留存下来的建筑理论著作。这本书在当时似乎并没有引起足够重视，直到中世纪时期才开始在一些地方流传。1415 年，这本书被佛罗伦萨人文主义学者波焦·布拉乔利尼（Poggio Bracciolini，1380—1459）“重新发现”，而后随着文艺复兴浪潮广泛传播，被译成多种文字在欧洲各国出版，成为学习古典艺术知识的重要窗口。

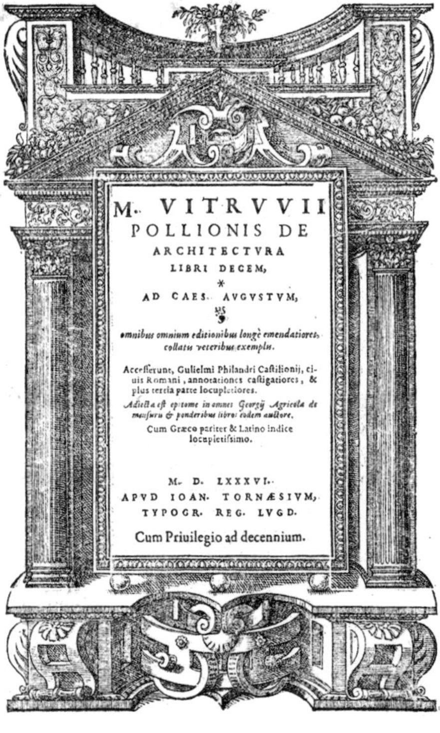

右图为阿尔伯蒂《建筑论》（1550年佛罗伦萨版），左图为维特鲁威《建筑十书》（1552年里昂版）

阿尔伯蒂原著没有配插图。这张是1565年由C. Bartoli出版的版本中为其配置的插图，表现一座建有输水道的城市

作为波焦在教皇宫廷秘书处的同事，阿尔伯蒂可能是第一位深入阅读维特鲁威著作的学者，这一点对他后来走上建筑之路起到很大的推动作用。像他的偶像布鲁内莱斯基一样，阿尔伯蒂也亲自对古代遗址进行大量深入细致的研究。他说：“我不停地寻找、思考、测量，为我所见到、所听到的每一件遗存之物绘制草图，直到我感觉到自己对这一切已经了如指掌，并且对于这些古代遗存中的每一个发明与巧思，都能够运用自如为止。”[16]20 与布鲁内莱斯基在调研中主要注重穹顶技术的实现不同，阿尔伯蒂更加关注建筑的美学形式。在这方面，他认为维特鲁威的著作存在缺陷：“在装饰方面的论述几乎是一个空白。”在深入学习、思考和研究的基础上，他于1452年完成了《建筑论》一书，并于1485年正式出版，成为意大利文艺复兴时期最系统和最重要的建筑理论书籍。

阿尔伯蒂仿效维特鲁威的写作方式，将这本书也分为十个部分⊖加以论述。他赞同维特鲁威提出的建筑应该具有“坚固”“实用”和“美观”三个基本原则[17]，但他的论述比维特鲁威更为深入，特别是在他认为是最重要的“美”的问题上。他认为建筑中的“美”就是“和谐”。他说：“美是存在于整体之中各个局部的呼应与协调，就如数字、比例与分布彼此协

⊖ 本书的第一书“外形轮廓”为概论性质，第二书“材料”和第三书“建造”是有关坚固方面的内容，第四书“公共建筑”和第五书“私人建筑”是有关实用方面的内容，第六书到第九书都是在讲装饰和美观，第十书是其他相关内容。

调一致一样，或者说，这是自然所呼唤的一种规则。”[16]24 而这种规则是“由偶然和观察所生育，由使用和试验所扶养，知识和理智则使其变得成熟。”[18]151-152

在这本书中，阿尔伯蒂将建筑师的地位提升到极高的高度。他说：“在我看来，能够与其他科学中最伟大的大师们并列在一起的人物，既不是木匠，也不是一般的工匠。”他看不起普通工匠：“手工操作者并没有比建筑师手中仪器的作用更大。”在他看来，能够被称之为建筑师的人，“是通过思考与发明，既能够设计也能够实施的人；是对于工作过程中的所有部分都了如指掌的人；是能够创造出与人的心灵相贯通的伟大的美的人。”要想成为这样的建筑师并不容易，他说：“毫无疑问，建筑学是一门十分高尚的科学，不是什么人都可以胜任的。一位建筑师应该是一位天赋极佳之人，是一位实践能力极强之人，是一位受过最好教育之人，是一位久经历练之人，尤其是要有敏锐的感觉与明智的判断力之人。只有具备这些条件的人，才有资格声称自己是一位建筑师。”[16]21-26

在文艺复兴以前的欧洲，建筑工程只是被当作社会下层“卑微”人士所从事的千百种手工艺之一。正是通过像布鲁内莱斯基这样的建筑实践家、阿尔伯蒂这样的建筑理论家以及包括美第奇家族在内的社会上层有识之士的共同努力，才将它提升到知识的高度，使之成为一门受到社会尊崇的高级职业，“使之具有了脑力劳动的尊严。”[19]

2-2 里米尼的马拉泰斯塔神庙

40 岁之前，阿尔伯蒂主要扮演作家和理论家的角色，40 岁以后，他开始获得机会去将他的思想贯彻到实践中。1446 年，阿尔伯蒂受里米尼（Rimini）统治者西吉斯蒙多·马拉泰斯塔（Sigismondo Malatesta，1417—1468）的委托，将一座 13 世纪建造的圣方济各教堂改造为他的家

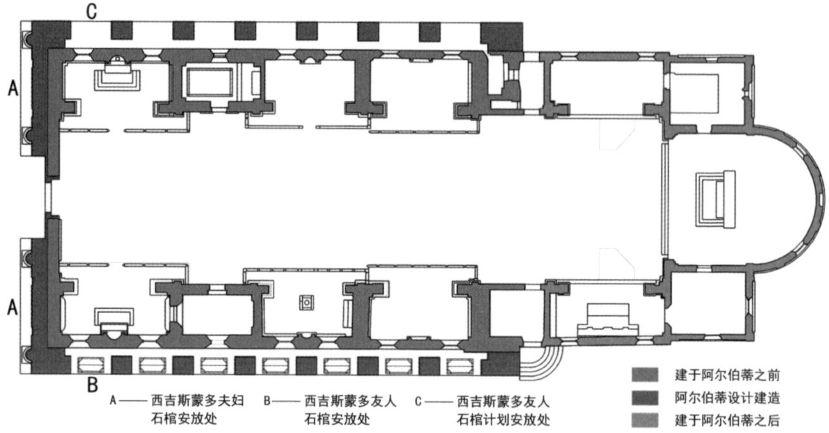

马拉泰斯塔神庙平面图，红色部分为阿尔伯蒂设计。按照设计计划，西吉斯蒙多和他的妻子将会分别安葬在大门两旁的壁龛中，而他的艺术家朋友们则安葬在建筑外侧面的壁龛中

族圣地——后世称其为马拉泰斯塔神庙（Tempio Malatestiano）。西吉斯蒙多是那个时代臭名昭著的雇佣兵的代表，他们没有信仰、没有道义，谁给钱多就替谁打仗，在意大利各城邦冲突中大获其利。作为一名雇佣兵队长，西吉斯蒙多曾经由于亵渎圣物和一系列罪恶行径而被教皇逐出教会，甚至被教皇正式下旨“打入地狱”。但是另一方面，他又酷爱古典艺术，将学术以及同有教养的人交往视为是“生活中的必需”。[20] 在西吉斯蒙多的身边，总是聚集了许多崇尚人文主义思想的哲学家、学者和诗人。他非常尊重他们，计划在去世后要将自己与他们一起安葬在这座寺庙中。

与布鲁内莱斯基热衷于实地指挥建造不同，阿尔伯蒂的设计几乎都是通过书信往来遥控助手加以实现。在这座建筑最重要的正立面设计中，阿尔伯蒂以位于里米尼的一座古罗马凯旋门为样板，首次将这种象征胜利和荣耀的形象用在教堂立面上，与摆在两侧壁龛内的石棺形成鲜明对比，仿佛是在表示对死亡的蔑视。在凯旋门的表面，阿尔伯蒂如罗马人一样使用圆柱作为拱门装饰。在对待圆柱的问题上，他与布鲁内莱斯基有较大分歧。在布鲁内莱斯基的设计中，圆柱总是扮演着拱券支撑柱的角色，而阿尔伯蒂则更愿意将圆柱看作为主要起装饰作用[18]177。

这座凯旋门所对应的是内部教堂的侧廊高度，而为了遮挡中央高耸的

马拉泰斯塔神庙主入口外观，两侧拱门内原有壁龛安放石棺，后来被填充（摄影：A. Korchagin）

中厅，阿尔伯蒂在凯旋门上方设计了一座拱门。虽然这个设计因为工程中断而未能实现，只有在当时铸造的一枚勋章上可以看到粗略的样子，但是从残存的痕迹来看，拱门采用的是方形柱子进行支撑，而不是像下层那样的圆柱。在阿尔伯蒂看来，圆柱“只能”用来作为装饰；如果一定要用来作为结构的话，那也只能是用来支撑平梁，而不该是拱券，“因为拱券的起拱点不能完全地被柱子的实体所支撑，平面中那些落在圆形以外的部分无处立足而只有落在空气上了。”[18]223 作为一名理论家，阿尔伯蒂固执地坚持他的论断。

雕刻有马拉泰斯塔神庙造型的勋章，可以看到后方原本还设计有一个大穹顶，可惜同样未能实现

2-3 佛罗伦萨的新圣母玛利亚教堂立面

马拉泰斯塔神庙正立面因为业主去世而未能如愿完成，相比之下，1456 年为佛罗伦萨设计的新圣母玛利亚教堂（Santa Maria Novella）正立面就要幸运得多，它在 1470 年完工，完美实现了阿尔伯蒂的设计构想。这座教堂的主体部分建设于 13 世纪，是一座典型的意大利式哥特建筑。在这里，阿尔伯蒂再次将凯旋门形象用在教堂立面上，但是在中央拱门的两侧特意保留了原有哥特式立面的小拱廊，希望以此建立新旧建筑间的有机联系。在这座拱门的两侧也采用了圆柱作为装饰。

与马拉泰斯塔神庙不同，在这座教堂底层凯旋门的上方，阿尔伯蒂用一座小神庙去与内部三廊身巴西利卡结构相呼应。其中央开间宽度与下层拱门开间宽度一致（其间的圆窗也是原哥特式立面的保留），但两侧的柱

新圣母玛利亚教堂正立面

子却无法与下层原有的哥特式小拱廊取得恰当联系，为此阿尔伯蒂特别在上下层柱子之间设计了一段较宽的壁面加以区隔。在上层小神庙的两侧，他设计了一个极为精美的涡卷造型将上下两层有机联系起来，解决了困扰意大利中世纪工匠很长时间的阶梯式立面造型衔接问题。据说他曾经也想把这种做法用在未能建成的马拉泰斯塔神庙上。[11]46

这个立面的构成方式极为简洁，一切都精准地掌控在以正方形为基准的比例组织之中，用阿尔伯蒂的话说就是“没有什么可以增加的，没有什么可以减少的，也没有什么可以替换的，除非你想使它变得糟糕。”[18]151 与布鲁内莱斯基的圣灵教堂一样，它们都是文艺复兴艺术家理想追求的典型代表。

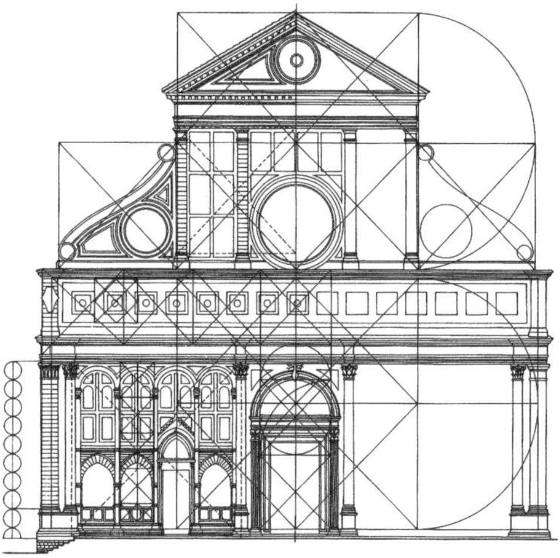

新圣母玛利亚教堂正立面分析图

2-4 曼托瓦的圣塞巴斯蒂亚诺教堂

位于意大利北方的曼托瓦（Mantua）是一座四面被湖水环绕的美丽城市。在当时的统治者卢多维科三世·贡扎加（Ludovico Ⅲ Gonzaga，1412—1478）的领导下，这里吸引了许多艺术家，成为那个时代有名

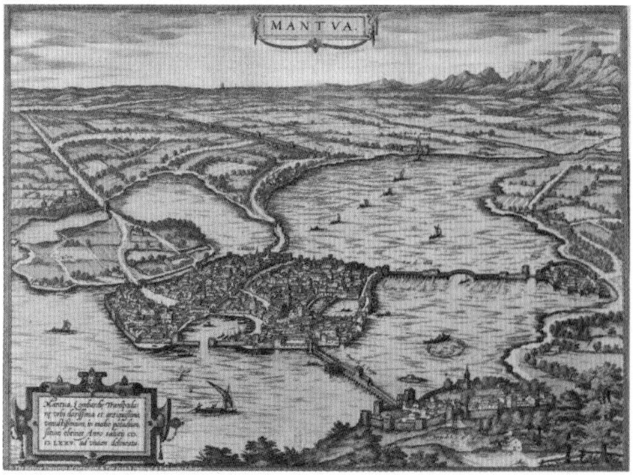

16世纪地图中的曼托瓦

圣塞巴斯蒂亚诺教堂平面图

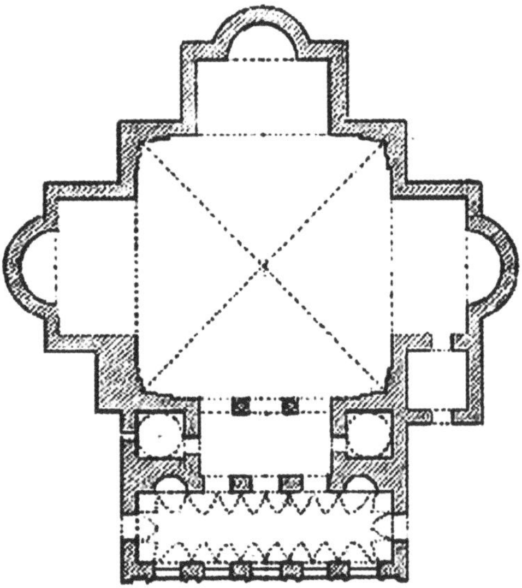

的艺术之都。1460 年，阿尔伯蒂为这座城市设计了一座以穹隆为中心的集中式建筑圣塞巴斯蒂亚诺教堂（San Sebastiano）。他对这种形式也有很大兴趣，因为它能象征“崇高”和“永恒”。[18]211 与布鲁内莱斯基设计的天神之后堂采用圆形平面不同，阿尔伯蒂采用的是近似希腊十字式的方形平面。这种平面虽然在实用性上存在明显缺陷，但它既具有基督教象征意义，又具有严谨的秩序和完美的形式，十分符合文艺复兴建筑家的理想追求，为日后一系列同类建筑开了先河。

圣塞巴斯蒂亚诺教堂正立面

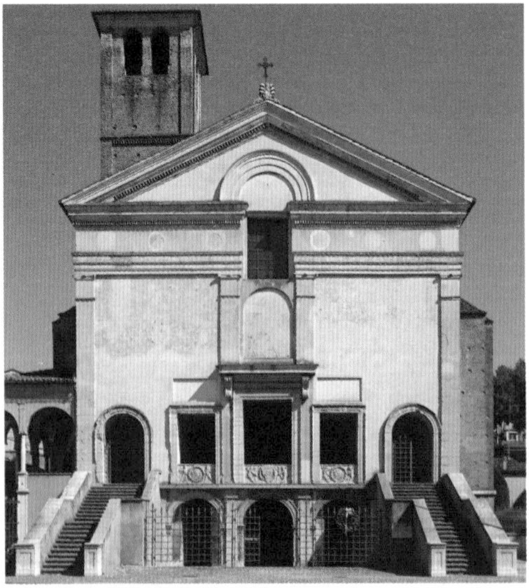

这座教堂的立面也很有特点。由于它的内部没有侧廊，不存在需要考虑中厅与侧廊的高度衔接问题，所以立面设计直接采用古典神庙的形式。在阿尔伯蒂看来，基督教堂就是古代神庙的直接继承者。现状基座部分两侧楼梯并非原来的设计，而是在 1925 年大修时增加的。从二楼中央三个门洞开口的设计来看，这种形态不像是

阳台窗户的设计。根据德国艺术史家鲁道夫·维特科尔（Rudolf Wittkower，1901—1971）的研究，阿尔伯蒂的原设计很可能是做了一个类似古罗马神庙的大台阶，以使这座神圣建筑看上去更加“神圣”。阿尔伯蒂去世后这个工程一度中断，后来的续建者改变了立面设计，将主要楼梯放在左侧面，而在底层建造了五座拱门组成的柱廊。[11]52-53

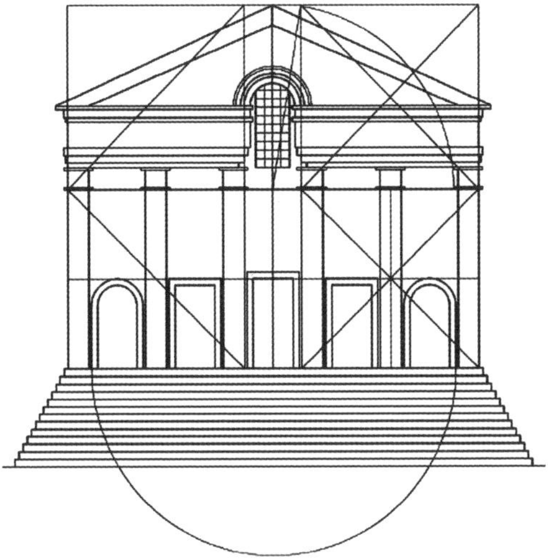

维特科尔重构的圣塞巴斯蒂亚诺教堂正立面最初设计方案

基座以上的立面有两个地方引人瞩目。一个是山花中央的开口，这个做法与帕齐礼拜堂稍有不同，其参考原型应该是法国奥朗日（Orange)的古罗马凯旋门。另一个引人关注的设计是壁柱的数量。维特科尔研究认为，阿尔伯蒂的最初方案是要将立面设计成一个标准的6柱神庙样式，但在1470年他改变了想法，去掉其中两根柱子以削弱古典神庙的属性。[11]56 这是一个重要的突破，展现了阿尔伯蒂要摆脱古典原型束缚而走出属于自己时代建筑新路的决心。

奥朗日的古罗马凯旋门，侧面有一个山花中央开口的神庙造型

2-5
曼托瓦的圣安德烈亚教堂

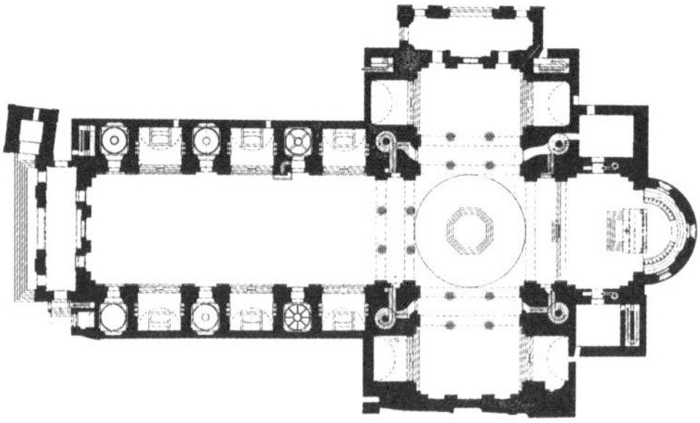
圣安德烈亚教堂平面图，后部的穹顶、横厅和圣堂可能不是原设计意图

1470年，阿尔伯蒂又受卢多维科三世委托设计圣安德烈亚教堂（Basilica of Sant'Andrea）。虽然不久之后他就去世了，但是一般认为后来的建造者在正立面和中厅上基本实现了他的设计意图。

圣安德烈亚教堂正立面

为了保留位于基地右前方的中世纪塔楼，阿尔伯蒂缩小了正立面的宽度，使之不与教堂内部宽度相一致，然后他将这个立面同样做成神庙造型。但是这一次他在中央两个壁柱之间放上了巨大的拱门，使之又融入了他所喜欢的凯旋门形式，两根壁柱正好成为古罗马券柱式构图的有机组成。这样一种将神庙与凯旋门这两类完全不同风格的建筑形式糅合在一起的尝试是前所未见的。与此同时，在中央巨拱的两侧，立面形成三层构造，相比之下，四根壁柱显得特别巨大。这样一种巨柱式造型

也是一种具有开创性的做法。另一方面，由于阿尔伯蒂希望将这个立面的凯旋门元素运用到教堂内部设计中去，为了保持两者高度和比例的一致性，他不得不降低外立面神庙造型高度，这样一来，就不得不在山花上方再做一个拱门以遮蔽后方高起的教堂中厅。

英国建筑史家约翰·萨莫森（John Summerson，1904—1992）在评论文艺复兴建筑时指出：“文艺复兴时期的伟大成就不是对罗马建筑惟妙惟肖的仿制，而是对古典建筑语法的重建。”[21]15 这一点在阿尔伯蒂的建筑上体现得最为明显。回顾一下他所先后设计的四座教堂立面，从第一座里米尼的马拉泰斯塔神庙几乎是照搬古代凯旋门形象，到第二座佛罗伦萨新圣母玛利亚教堂将小神庙叠架在凯旋门上方，再到第三座曼托瓦的圣塞巴斯蒂亚诺教堂对古代神庙进行异化处理，最后是这座圣安德烈亚教堂将神庙与凯旋门糅为一体，阿尔伯蒂用 25 年时间走过了从学习继承古典遗产到将之拓展创新的全过程，成为后来者效法的榜样。

圣安德烈亚教堂中厅，向圣坛方向看

教堂中厅由直径 18.3 米的筒形拱顶覆盖，其设计灵感来源于罗马帝国时代建造的君士坦丁巴西利卡。如此沉重的拱顶显然不可能使用布鲁内莱斯基喜爱的连拱廊来支撑，所以阿尔伯蒂向古罗马借来墩柱结构。墩柱之间相向而对的大型拱洞（其高度、比例均与外立面相同）形成与主轴线垂直的副轴线，在内部空间产生新的韵律变化。这种做法以后也广为流行。

2-6 佛罗伦萨的鲁契莱府邸

鲁契莱府邸外观

最初设计只有左边五个开间，以后向右扩建，原本右边还有一个开间，但没有完成，最终形成不对称的形象

阿尔伯蒂是应乔瓦尼·迪·保罗·鲁契莱（Giovanni di Paolo Rucellai，1403—1481）的委托设计新圣母玛利亚教堂立面的。这位雇主称得上是那个时代可以与科西莫·德·美第奇相提并论的最重要的建筑赞助人之一，他的自家府邸（Palazzo Rucellai）也是委托阿尔伯蒂设计，以其特别的立面设计成为文艺复兴早期府邸建筑的杰出之作。

与差不多同时建造的美第奇府邸相比，阿尔伯蒂的设计有较大的创新。他以古罗马大角斗场立面为范本，大胆地将先前主要出现在神庙、教堂以及大型公共建筑上的古典柱式构图应用在府邸立面上，赋予府邸建筑全新的装饰形象。

2-7 罗马的文书院宫

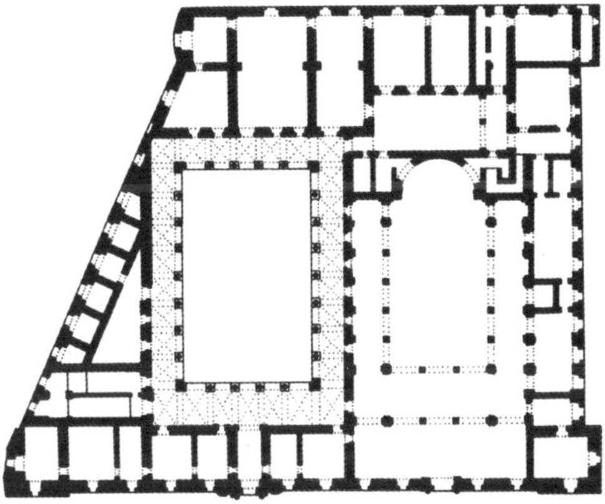

文书院宫平面图

文书院宫东侧外观

阿尔伯蒂将柱式构图用在住宅建筑立面的这一创举为文艺复兴以后西方城市面貌奠定了基础，不过在当时的佛罗伦萨却并不受欢迎，因为人们不愿看到一个小小商人竟然敢将住宅建造得可以与古罗马帝王建筑相提并论。但是在罗马，教皇西克斯图斯四世（Pope Sixtus Ⅳ，1471—1484 年在位）的侄儿红衣主教拉斐尔·里阿里奥（Raffaele Riario，1461—1521）却无所顾忌。他利用与另一位红衣主教打赌所赢得的所谓“诚实的财富”于 1486 年开始动工建造自己的府邸。这座建筑的建筑师可能已经无法弄清了[㊀]，但他一定是受到阿尔伯蒂的深刻影响。

㊀ 过去曾有不少史学家认为它是由伯拉孟特设计的，但实际上伯拉孟特直到 1499 年才来到罗马，这时主体建筑已经基本完工。

文书院宫立面图（绘制于1665年）

这座大型府邸建筑是罗马15世纪文艺复兴的代表作。它的外立面也是采用壁柱构图，但只做了上面两层。与鲁契莱府邸相比，它的开间分割手法有所变化，由有窗子的开间和无窗子的开间交替组成，其中有窗子的开间较大一些，其与无窗子开间的宽度比例遵从黄金分割率设定。此外，有窗开间本身的高宽比，以及两个有窗开间加上一个无窗开间的总宽高比也是采用黄金分割构成（一个有窗开间与一个无窗开间正好组成一个正方形）。通过这样的比例控制就使得整个立面“充满理性和秩序”。

文书院宫内庭院

它的内部中庭也是采用连拱廊，但是柱廊转角处理与美第奇府邸相比有很大改进。它的转角柱被处理成 L 形，并且用方柱取代圆柱。这样一来，不仅转角处的“力量感”得以明显增强，而且靠近转角的开间也显得更加完整，立面构图更加协调。

拉斐尔·里阿里奥因为卷入 1517 年谋杀教皇利奥十世（Pope Leo X，1513—1522 年在位）的未遂事件，被迫将这座府邸上交给教皇用做官署使用，因此得名文书院宫（Palazzo della Cancelleria）。如今它的所有权仍然属于梵蒂冈。

第三章

十五世纪建筑名家

“我们认为值得尊敬和善待的人是那些具有天赋与做出重大贡献的人。”

3-1 罗塞利诺与皮恩扎

贝尔纳多·罗塞利诺（Bernardo Rossellino，1409—1464）是阿尔伯蒂建造鲁契莱府邸时的助手，是一位出色的雕塑家和建筑家，他的代表作是皮恩扎城市中心广场建筑群。

皮恩扎，下方偏左为城市中心广场

皮恩扎是教皇庇护二世（Pope Pius Ⅱ，1458—1464年在位）的出生地。他决心要将这座小村庄改造成文艺复兴新时代城市设计的样板，于是委托罗塞利诺对其中由教堂、教皇宫、市政厅以及主教府邸围合形成的城市中心广场进行规划建设，顺应原有的街道脉络，将其组织成一个具有整体和谐秩序的城市广场建筑群。

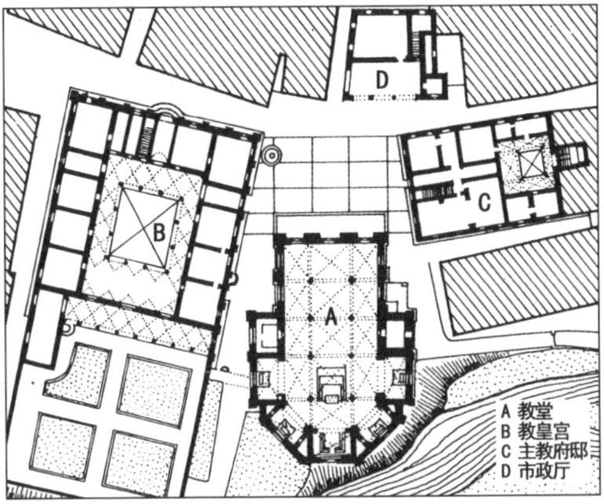

皮恩扎中心广场平面图

皮恩扎中心广场，从市政厅柱廊向教堂方向看（摄影：G. Peppoloni）

如果把这座广场与前面介绍过的佛罗伦萨育婴院前的圣母领报广场做个比较，可以看出这是两种不同类型而又各有所长的城市设计方法。在佛罗伦萨圣母领报广场中，围合广场的建筑形态是高度统一的，服从一个明确的规则，从而形成一个有着强烈整体风格的广场形象。而组成皮恩扎广场的各个建筑的立面造型却有着较大的区别：教堂是按照教皇在奥地利所看到的一座他特别喜爱的教堂为布局样式建造的，立面受到阿尔伯蒂神庙式设计的影响；教皇所住的皮克罗米尼宫（Palazzo

皮恩扎中心广场，从西南角向市政厅柱廊方向看

Piccolomini）立面设计显然是在模仿鲁契莱府邸，罗塞利诺参与了这项工程；主教府邸和市政厅也是完全不同的样式。作为广场规划师，罗塞利诺并没有试图为这座广场穿上统一的外衣，或者赋予某种统一的符号，而只是要求所有参与的建筑都要遵从一个共同的游戏规则，在这个前提下，各自仍然可以保留各自的性格。就广场的本身形态而言，也不一定要求是严格对称——虽然对称的形态通常是美的，而是可以依照地形环境以及周边建筑与道路的特点进行异化变形，成为梯形或者其他特别的空间形态。在这种思想指导下所完成的城市设计，虽然也是由某位个别的人所作，有一个明确的主角或者主轴线，但同时又给其他参与的人留有变化的余地，让每一位参与其中的人都能够有一种一起合作共同创造美好生活环境的体验和热情。这是一种极好的城市设计理念，无怪乎人们都称赞这座广场为“都市生活的试金石”。

教皇庇护二世非常喜欢这座广场，虽然它的实际造价是罗塞利诺最初所承诺预算的将近三倍。在广场建成后，教皇对罗塞利诺说：“贝尔纳多，你在对我们就造价撒谎这件事上做得很好。如果你之前说了真话，那你就不可能让我们付那么多钱。你的欺骗成就了这些华丽的建筑，它们将得到所有人的赞美。我们感谢你。”[9]86

皮恩扎中心广场鸟瞰

3-2 卢西亚诺·劳拉纳与乌尔比诺公爵宫

乌尔比诺（Urbino）是意大利中部靠近亚得里亚海的一座山地小城。费德里科三世·达·蒙特费尔特罗（Federico Ⅲ da Montefeltro，1422—1482）成为公国统治者后，利用当雇佣兵队长四处为他人征战所积累起来的财富，1454 年开始为自己修建一座新的宫殿。1468 年，费德里科公爵任命卢西亚诺·劳拉纳（Luciano Laurana，1420—1479）为新的工程负责人，他在任命书上表现出一位文艺复兴时期赞助人对艺术的最高尊重："我认为值得尊敬和善待的人是那些具有天赋与做出重大贡献的人，特别是那些一直为古人与今人高度评价的贡献。建筑是一门需要科学和天赋的艺术，是我们崇尚和欣赏的艺术。……我经过慎重考虑，打算建造一处与我们祖先崇高声望与地位相配的美丽住宅，我挑选并任命卢西亚诺大师为工程的总指挥。我特别要求，我们的主事、为该工程拨款的财政员和负责物资供应的长官在付款以及提供物资时，必须不打折扣地按卢西亚诺大师的要求去做。我授予卢西亚诺大师全部权力和最高权威，所有我在场可以做的事，他也可以做。为此，我为此信盖章作为凭证。"[6]143

费德里科三世公爵夫妇画像（P. della Francesca 绘）

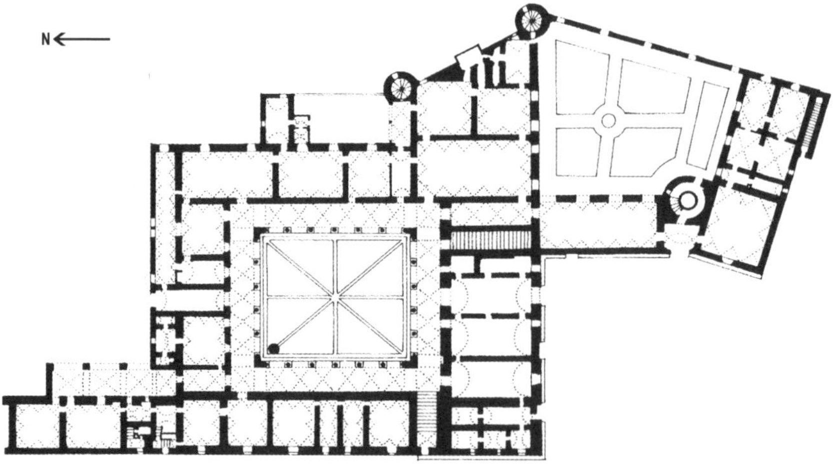

乌尔比诺公爵宫平面图

乌尔比诺公爵宫主庭院（摄影：R. pagani）

这座宫殿内部有两座庭院，其中主庭院的转角由L形墙墩取代转角柱，然后在两个方向均做了一个半圆柱以支撑拱券并与柱廊其他部分衔接。这样的做法较罗马的文书院宫更为合理，也更为美观。

乌尔比诺公爵宫主入口广场（摄影：Y. Amé）

宫殿朝向街道的外立面一直未能完工。其中朝向入口广场的南立面二层四扇大窗与一层三座大门交错布置，这种做法十分有趣。

一生尚武的费德里科公爵是一位真正有教

养的贵族，他和他的夫人以毫不做作的高贵而著称。对于什么样的人才能配得上贵族的称号，一位曾经在乌尔比诺公爵宫任职的意大利贵族巴尔达萨雷·卡斯蒂利奥内（Baldassare Castiglione，1478—1529）写了一部《朝臣之书》（The Book of the Courtier），里面这样写道："一个出入宫廷的人在文学方面，至少在所谓文艺方面，不应该只有一些普通的学识；他不仅要懂拉丁文，还要通希腊文，……他应当熟读文学家的诗歌，熟悉演说家和史学家的著作，还得擅长吟诗作文。"但仅仅这样，"倘若他不是音乐家，倘若他只会读谱而不擅长各种乐器"，就也还不能让人满意。卡斯蒂里奥内还要求绅士们不能忽略"画图的才能和关于绘画的学识"。[22]拥有这样的主人和侍从，无怪乎乌尔比诺的宫廷成为当时众人瞩目的地方。

《公爵与他的儿子》（P. Berruguette 绘于 1480 年）

乌尔比诺公爵宫书房，墙面用各色木板镶嵌，营造出虚幻的橱柜、壁龛、桌子以及开启的门等的透视效果

法国历史学家伊波利特·阿道尔夫·丹纳（Hippolyte Adolphe Taine，

1828—1893）将这种“教养”视为是能够欣赏和制作第一流艺术品的首要条件。文艺复兴之所以诞生在意大利，就是因为当时只有意大利才拥有这样的土壤，才拥有一批像美第奇家族和乌尔比诺公爵这样的“有教养”的支持者。日后大名鼎鼎的建筑家伯拉孟特和画家拉斐尔都出生在这个公国。

3-3 弗朗切斯科·迪·乔其奥·马蒂尼

1475 年，弗朗切斯科·迪·乔其奥·马蒂尼（Francesco di Giorgio Martini，1439—1501）来到乌尔比诺参与公爵府的建设工作，同时还帮助公爵进行其他各种民用和军事工程建设。他在建筑领域最重要的贡献是两部建筑著作：《建筑、工程与军事艺术》（Architettura, ingegneria e arte militare，1478—1481）和《民用与军事建筑》（Architettura civile e militare，1490）。与阿尔伯蒂著作不附任何插图不同，迪·乔其奥很重视用图例来说明他的意图。在他看来，建筑图纸能够负载那些不能用言语表达但却属于艺术家判断力和理解力的内容。[16]34

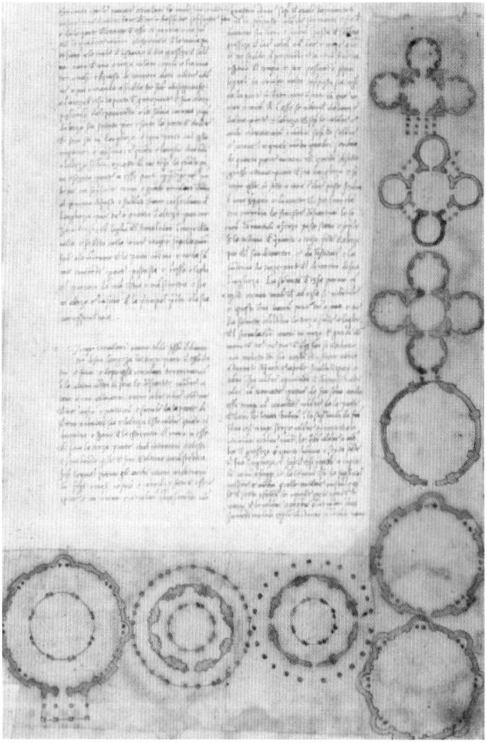

迪·乔其奥《建筑、工程与军事艺术》中的集中式教堂研究

在教堂的布局方面，

迪·乔其奥也将圆形平面以及由其衍生出的各种正多边形平面的集中式设计视为是最完美的形式。他说："既然上帝体现在每一个生灵身上，所有生灵都得尊重神，因此有理由要求把上帝的神位放在神庙中心，因为中心是最不偏心的。此外，基督曾言，他会在神庙内崇拜他的信徒聚会中出现，神位就应该处在信徒当中。圆形用相同的尊严提供着更多的均等场所，提供了其他平面所没有的独特中心。因此，圆形乃是对于唯一能普照他者的神的便利模拟物。"[11]22 在过去，拜占庭教堂出于对皇帝地位的强调而偏爱集中式平面（参见《巨人的文明》第 257—258 页），而现在，文艺复兴建筑家们却是将集中式平面视为上帝的化身。

3-4 达·芬奇

达·芬奇自画像（绘于 1510 年）

迪·乔其奥的建筑论文在其生前并未出版，而是以手抄本的形式在当时以及其后一个世纪的意大利建筑家中广为流传，影响十分广泛。达·芬奇（1452—1519）就是其中之一。就像那个时代的许多人一样，达·芬奇并没有一个真正意义上的姓氏，他的全名意为：芬奇镇皮耶罗先生之子莱昂纳多（Lionardo di ser Piero da Vinci）。这个小镇将因他而千古留名。

1482 年，在绘画领域已经小有所成的达·芬奇离开家乡佛罗伦萨准备前往米兰发展。在写给米兰摄政卢多维科·斯福尔扎（Ludovico Sforza，1452—1508）的求职信中，他这样介绍自己："我知道如何造各种各样的桥梁……。我了解各种各样的迫击炮……。我会造隐蔽的战车……。在和平时期，我相信我可以提供不逊任何人的公共和私人建筑物。我会把水从一个地方引到另一个地方。我会雕刻大理石、青铜或黏土雕像。我还会绘画，绝对和别人画得一样好。"[23]

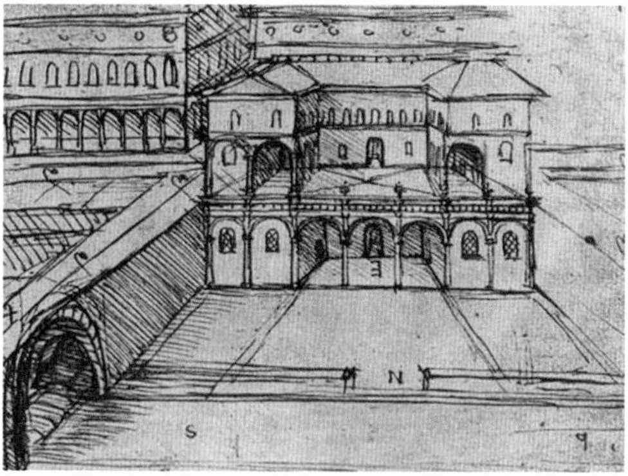

在达·芬奇所作的一个城市规划中，他用标高分离的街道来解决人员和物资的不同运输路径

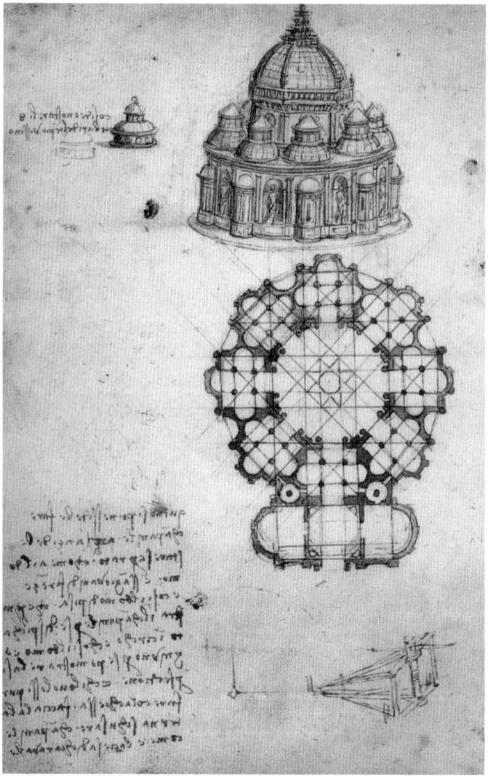

达·芬奇所绘制的集中式教堂设计图

达·芬奇在米兰工作了17年。在此期间，他不仅创作了以《最后的晚餐》为代表的一批绘画杰作，同时也对科学和工程等方面产生了浓厚的兴趣。在建筑和城市规划领域，他虽然没有实际建成的作品，也没有成书的理论著作，但还是通过许多零散的图文并茂的笔记表达了他的思考和关切，在许多方面都超前于他所处的时代。

达·芬奇特别关注建筑的形式美学，提倡要“让每一座房子孑然独立，唯如此才能尽展其真形实貌。”[16]35 出于这样的考虑，他对阿尔伯蒂提倡的集中式教堂的平面和立面设计都进行深入研究，并且率先以鸟瞰图的方式加以表达。他的研究成果对与他同时在米兰效力的建筑家伯拉孟特产生了重要影响，对即将在下一个世纪兴建的罗马新圣彼得大教堂（文艺复兴时期最伟大的集中式建筑）的设计将起到重要的推动作用。

3-5 朱利亚诺·达·桑加罗与普拉托的卡尔切里圣母教堂

前面提到过老安东尼奥·达·桑加罗，他是 15 世纪后期一位有影响的建筑家。他的哥哥朱利亚诺·达·桑加罗（Giuliano da Sangallo，1445—1516）也是建筑家，兄弟俩经常在一起合作。他们有一位名字也叫安东尼奥的侄儿后来也从事建筑事业，世人通常以“老”“小”安东尼奥予以区分。

1485 年，朱利亚诺设计了普拉托（Prato）的卡尔切里圣母教堂（Santa Maria delle Carceri）。这是文艺复兴时期第一座完全按照希腊十字平面设计的教堂。它的中央部分是一个完美的立方体，四个臂的深度恰好是宽度的一半，立方体的上方是帆拱支撑的半球形穹顶，整个构成体系简洁明了。鲁道夫·维特科尔评价说：“它那宏伟的简洁性和那洁白的纯洁性，就是为了唤起人们一种在上帝亲临下的教民聚会意识——这个上帝依据不变的数学法则把宇宙安排得井井有条，这个上帝创造出一种统一且比例美丽的世界，而这个世界的和谐与共鸣都在地上的上帝教堂中反映了出来。”[11]31

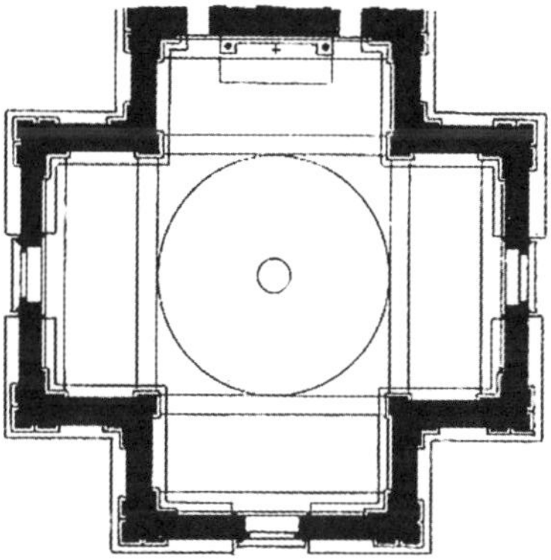

卡尔切里圣母教堂平面图

卡尔切里圣母教堂穹顶仰视（摄影：F. Zampetti）

第四章 伯拉孟特

『他是将自古以来久被尘封的建筑的优雅与美丽带给这个世界的第一人。』

4-1 米兰的圣沙弟乐圣母堂

拉斐尔《雅典学院》局部，弯腰演算的老者据说就是以伯拉孟特的形象绘制

1446年布鲁内莱斯基去世的时候，多纳托·伯拉孟特（Donato Bramante，1444—1514）才刚刚出生不久，等到了这个世纪结束新的世纪开始的时候，他已经当之无愧地成为意大利文艺复兴运动的标志性人物，将要引领意大利建筑到达一个“完全征服古代，并充满自信地加以进一步扩充和修正的”崭新阶段。[21]56

伯拉孟特出生在乌尔比诺，并在那里接受人文主义熏陶。1481 年，比达·芬奇早一年，他来到米兰为卢多维科·斯福尔扎效力，为其建造了许多建筑，其中最有名的是圣沙弟乐圣母堂（Santa Maria presso San Satiro）。

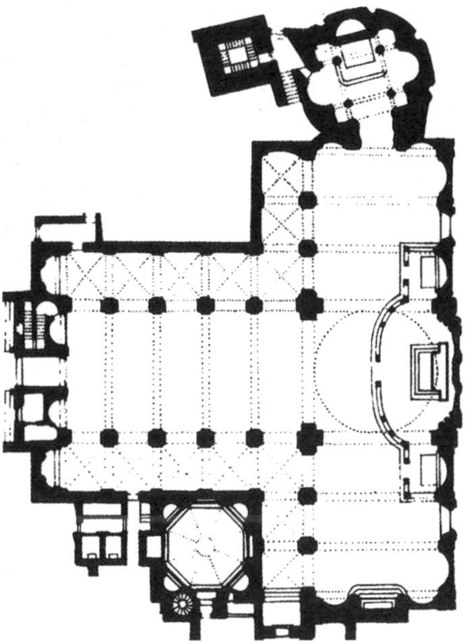

圣沙弟乐圣母堂平面图。其东端圣坛只有『微不足道』的空间深度

这座教堂的东端紧邻一条窄巷，空间发展受到很大限制，如果按照传统的教堂布局方式，实际上只能够安排下中厅和横厅，没有空间

圣沙弟乐圣母堂内部，从中厅向圣坛方向看。尽端的圣坛空间实际上是画出来的，但却能以假乱真

圣沙弟乐圣母堂圣坛近景

安放圣坛，所以不得不形成T形的格局。为了解决这一难题，伯拉孟特将他在乌尔比诺公爵府中学习到的透视错觉装饰手法用在了圣坛壁面上。从中厅看去，圣坛空间毫无破绽，完全做到以假乱真。

在这座教堂的北、南两侧各有一座小空间，分别是小礼拜堂和洗礼堂。在这里，伯拉孟特对集中式空间设计进行了最初的尝试。不久之后，他就要将这种文艺复兴艺术家最喜爱的空间表现形式推向巅峰。

4-2 米兰的恩宠圣母堂

恩宠圣母堂外观，《最后的晚餐》所在的餐厅位于教堂左侧不远处

在米兰期间，伯拉孟特还为具有哥特风格中厅的恩宠圣母堂（Santa Maria delle Grazie）设计穹顶。与此同时，达·芬奇也在为这座教堂工作。他在教堂旁边教士们使用的餐厅内壁上绘制了《最后的晚餐》。

4-3 罗马的坦比埃多

1494年，卢多维科·斯福尔扎篡夺了侄儿的米兰公爵职位。为了对抗侄儿的亲家那不勒斯国王，卢多维科与百年战争结束后日渐强大起来的法国结盟。本就有意染指意大利事务的法国趁机入侵亚平宁半岛，于是一场由相互间有着错综复杂关系的意大利各城邦、教皇国、法国、西班牙和神圣罗马帝国等多方势力卷入的长达半个多世纪的“意大利战争”（Italian Wars，1494—1559年）突然爆发。1499年，因反悔变卦而改与神圣罗马帝国结盟的米兰被法军攻陷，卢多维科·斯福尔扎于次年被俘。达·芬奇和伯拉孟特被迫离开这座他们已经共同服务了十多年的城市。达·芬奇辗转回到家乡佛罗伦萨，而伯拉孟特则前往罗马。

在罗马，受西班牙国王委托，伯拉孟特于1502年在台伯河西岸圣彼得受难地建造起来的蒙托里奥圣彼得修道院（San Pietro in Montorio）内院中设计了一座圣彼得纪念小教堂，人们一般称之为“坦比埃多”（Tempietto，意思是小神庙）。这座建筑的主体是一个立在高耸鼓座之上的穹顶，下半部环绕一圈由16根塔斯干柱组成的柱廊，鼓座和柱廊的外轮廓正好构成两个呈直角放置的比例相同的矩形。看上去，鼓座似乎要冲破柱廊的束缚而向上伸展。

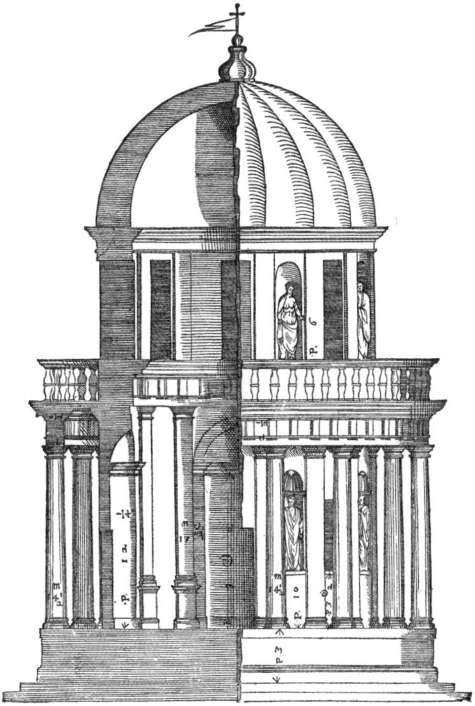

帕拉第奥《建筑四书》中描绘的坦比埃多剖立面图

按照原设计，坦比埃多所处的庭院也要被设计成柱廊环绕的圆形，以使圣殿与周围环境形成良好配合，但可惜没有建成。

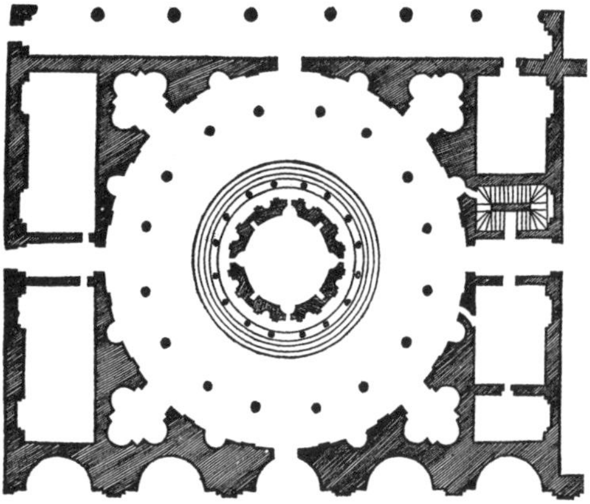
塞利奥《建筑五书》中描绘的原设计平面图

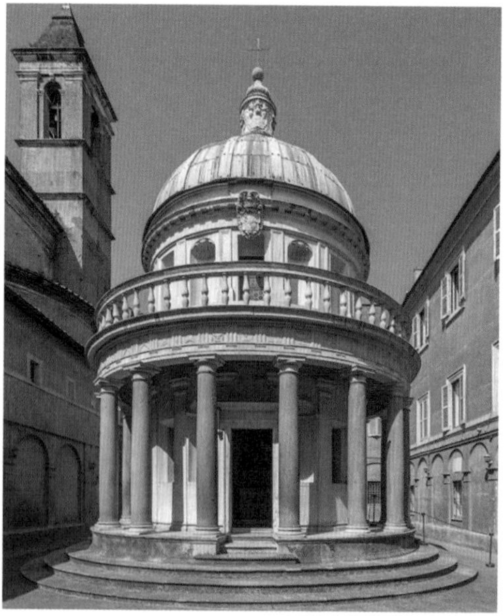
坦比埃多外观

瑞士著名美术评论家海因里希·沃尔夫林（Heinrich Wölfflin，1864—1945）在评论16世纪艺术时形容说：“真正的贵族举止是从容大方的，既不装腔作势，也不像一根通条般生硬挺直以便引起人们的注意。他是他应该是的样子，因为他永远经得起挑剔。”[24] 这句话很可以用在这座建筑上。作为古罗马时代结束以来所建造的第一座四面完全独立的圆形神庙，这座小小的建筑奠定了文艺复兴盛期艺术的基调，受到广泛的好评，成为后世包括罗马圣彼得大教堂、伦敦圣保罗大教堂、巴黎先贤祠和华盛顿国会大厦等一系列著名穹顶设计的范本。16世纪后半叶的建筑大师帕拉第奥曾经高度评价这座建筑和它的设计者：“伯拉孟特是第一位让尘封已久的美好建筑重现天日的人。”[25]280

4-4 罗马的拉斐尔住宅

在罗马，伯拉孟特曾经为自己设计了一座住宅，后来拉斐尔买下了这座住宅并住在这里直到去世，因而得名“拉斐尔住宅”（Raphael 's House）。

这座建筑的底层部分仿效古罗马时代“岛”式公寓（Insula）的布局做成店铺，粗面砌筑的拱形门窗厚重有力地支撑上部建筑。二层采用与罗马文书院宫类似的双柱式构图，但双柱间距离更近更加紧凑。二层窗户上方都作有三角形山花装饰，这是这种原本用于神庙立面的装饰元素较早出现在住宅立面上的例子。

这座建筑深刻地影响了其后几个世纪的西欧宫殿府邸立面设计，虽然它本身早已在 17 世纪被改造拆毁。

拉斐尔住宅立面图（A. Lafrery 绘于 16 世纪）

4-5 伯拉孟特与罗马新圣彼得大教堂

意大利文艺复兴建筑的巅峰之作是罗马的新圣彼得大教堂（St. Peter's Basilica）。从 16 世纪初开始，在长达 100 多年的时间里，包括伯拉孟特、拉斐尔、佩鲁齐、小桑加罗、米开朗基罗、马代尔诺和贝尼尼在内，一代接一代罗马最优秀的建筑家和艺术家，都为之倾尽了他们的智慧和汗水。

老圣彼得大教堂是由第一位信奉基督教的罗马帝国皇帝君士坦丁（Constantine the Great，306—337 年在位）下令建造的。这里埋葬着圣彼得及其身后历代罗马教皇的灵柩。包括查理大帝在内的历代神圣罗马帝国皇帝都曾经在这里接受教皇的册封。然而岁月无情，随着时间的流逝，这座教堂在步入千岁高龄之后日渐老态。

14 世纪初，法国迫使教廷迁往阿维尼翁长达 70 年之久。1377 年，教皇虽一度重返罗马，但在 1378—1417 年，罗马和阿维尼翁又在不同国家

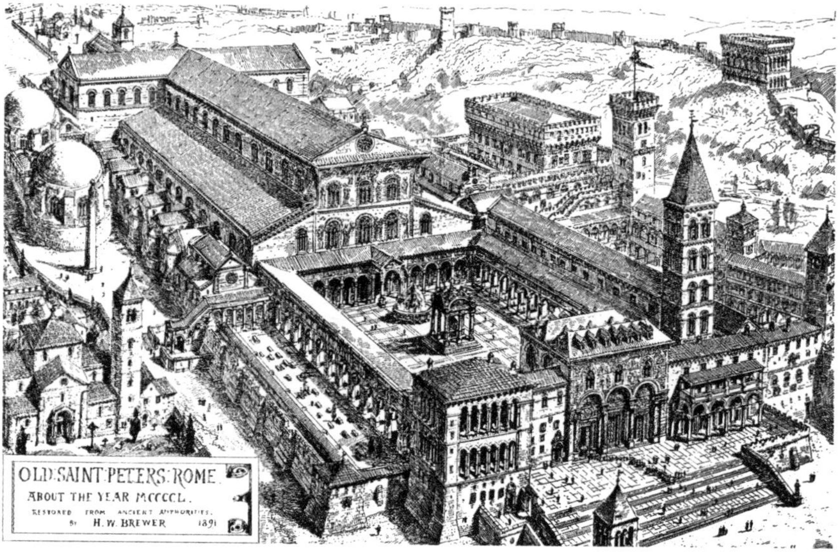

罗马老圣彼得大教堂（H. W. Brewer 绘制）

支持下各自拥立教皇，西欧教会陷入前所未有的大分裂。少了进贡的香火钱，罗马这座本已在无尽的纷扰中破碎的伟大城市跌落到历史的谷底。当时一份描述罗马的文件中这样写道：“几乎看不出这里曾经是一座城市。房屋都变成了废墟，教堂全部倒塌，整个地区都被人遗弃，被饥荒和贫穷所控制。”[26]1417 年，马丁五世（Pope Martin Ⅴ，1417—1431 年在位）成为重新获得统一的教会新教皇，罗马再次成为基督教世界的首都。凭借教会仍然具有的无可比拟的权势和财富，这座城市在文艺复兴的浪潮中逐渐恢复其往昔繁华。

1453 年，君士坦丁堡（土耳其人称其为伊斯坦布尔）落入信奉伊斯兰教的土耳其人之手，基督教世界的骄傲圣索菲亚大教堂被土耳其人改为清真寺。这一事件极大地刺激了基督教世界。为了重塑教会威权，热爱艺术的教皇尼古拉五世（Pope Nicholas Ⅴ，1447—1455 年在位）委托阿尔伯蒂和罗塞利诺对老圣彼得大教堂进行扩建改造。罗塞利诺计划保留旧的柱廊体系，而将屋顶更换为当时流行的交叉拱顶，同时增建歌坛并扩大横厅。为了准备这项工程，教皇下令拆除大角斗场的表面石材，拆下来的石头大约有 2000 多车被运往圣彼得大教堂工地。但是不久后尼古拉五世就去世了，工程因而停止。

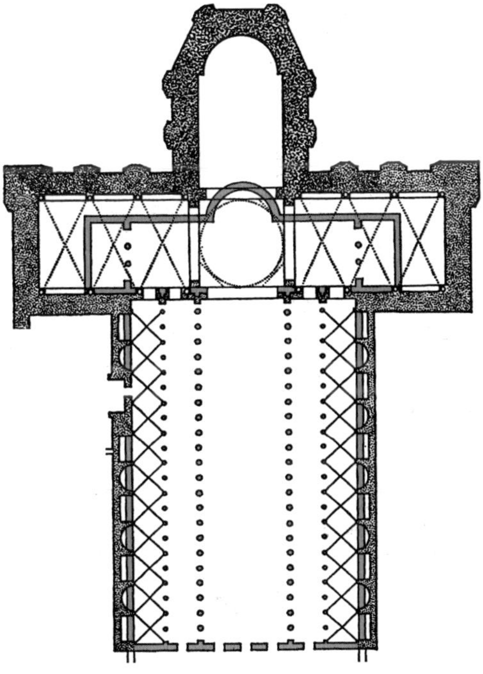

棕色部分为老圣彼得大教堂平面图，黑色部分为罗塞利诺的改造方案

1503 年，尤利乌斯二世（Pope Julius Ⅱ，1503—1513 年在位）成为教皇。他是一位坚强有为的教会事业捍卫者（这一点从拉斐尔为他所做的画像中立刻就可以看出），始终致力于征服

尤利乌斯二世画像（绘画：拉斐尔）

和捍卫教皇领地。他同时又是一名最有力的艺术赞助人。在他的赞助和要求下，当代最伟大的艺术家伯拉孟特、拉斐尔和米开朗基罗聚集在罗马，将文艺复兴盛期无与伦比的荣耀赋予这座有着两千年灿烂历史但也曾一度沦落的伟大城市。1505年，尤利乌斯二世下定决心要完全拆除老圣彼得教堂，而后将予以彻底重建。在击败了竞争对手朱利亚诺·达·桑加罗后，伯拉孟特被任命为工程总监。

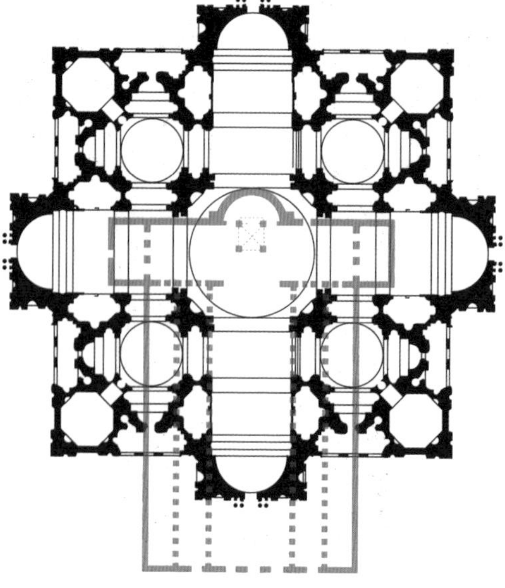

黑色部分为伯拉孟特设计的新圣彼得大教堂平面图，红色部分为老圣彼得大教堂的相对位置，二者体量极为悬殊

1505年，伯拉孟特开始设计新圣彼得大教堂。他立志要建造一座有史以来最宏伟的建筑。他的设计方案采用的是最具有纪念性、最能够象征上帝完美性的希腊十字平面，而不是传统用来象征基督受难的拉丁十字平面。他宣称：“我要把万神庙高举起来架到君士坦丁巴西利卡的拱顶上去。”君士坦丁巴西利卡是君士坦丁大帝时代建造的罗马最宏伟的大厅式建筑。在君士坦丁堡和伟大的圣索菲亚大教堂永

久落入异教徒之手后，这一想法尤为具有象征意义。在他的设计方案中，位于十字中央的是一个由四个大柱墩支撑的宏大穹顶，四臂的巨大长度可能是受到罗塞利诺设计方案的影响。在十字臂的四个角上布置了四座礼拜堂，以较小的尺度重复希腊十字构图，各自中央也有一个小穹顶。在四个角的最外侧还各建有一座方形塔楼。教堂的四个立面完全相同，中央穹顶如坦比埃多一样高耸于柱廊环绕的鼓座之上，平静而高雅，“像一顶高贵的王冠，漂浮在使徒陵墓的上方。”[27]119

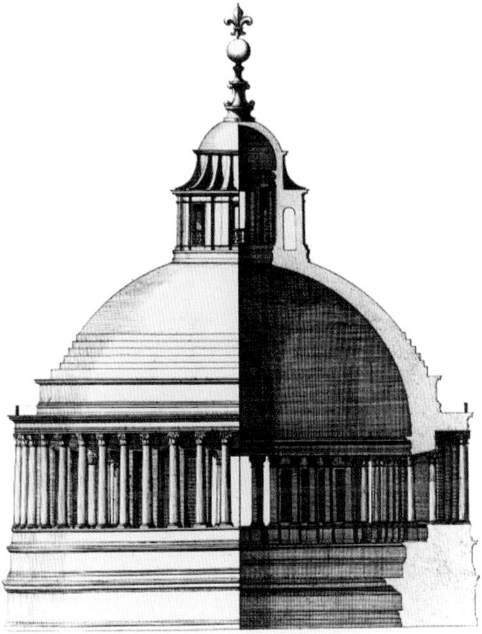

伯拉孟特构想的新圣彼得大教堂穹顶

1506 年，支撑穹顶的第一个大柱墩开始动工，尤里乌斯二世亲自下到深深的地下安置基石。尽管他和伯拉孟特一再催促工程进度，但毕竟工程巨大，非一人之力可以完成。1513 年，教皇去世。第二年，伯拉孟特也去世了。随着两位主要倡导者的离去，这项宏大的工程由此进入漫长而曲折的阶段。

为奠基仪式铸造的纪念章见证了伯拉孟特的理想

第五章

拉斐尔、佩鲁齐和小桑加罗

『自然之母当其在世时，深恐被其征服；当其谢世后，又恐随之云亡。』

5-1 拉斐尔与罗马新圣彼得大教堂

拉斐尔自画像

1508 年，伯拉孟特将他的“小老乡”拉斐尔（Raphael，1483—1520）引见给尤利乌斯二世。教皇此时正忙于搬家——他讨厌住在前任住过的房间。教皇委托拉斐尔为其美化新居，在梵蒂冈教皇宫殿内的四间如今被称为“拉斐尔厅”（Raphael Rooms）的房间进行壁画创作。

拉斐尔堪称是历史上最杰出的画家之一，他的每一幅作品都堪称是完美和谐的化身。瓦萨里曾经感慨道：“有时候上苍将其宝藏的无穷财富，以及在漫长的岁月中通常将分给许许多多人的恩惠和厚礼，都赐予单独一个人。完全可以说，像

梵蒂冈宫签字厅，壁画由拉斐尔创作

拉斐尔如此全知全能的人绝非凡人，而是神人。”[1]265

由于在壁画创作中表现出的天才，拉斐尔深受尤利乌斯二世以及继任教皇利奥十世（Pope Leo X，1513—1522 年在位）的喜爱。利奥十世是洛伦佐·德·美第奇的儿子，继承了美第奇家族热爱艺术的传统。他于 1514 年委任拉斐尔为圣彼得大教堂建造工程新任总监。

此前伯拉孟特的方案主要注重纪念性，要设计一座艺术上完美的建筑。而尤利乌斯二世也有同样的想法，想要一座彰显他个人形象的伟大纪念碑，与此同时他正委托米开朗基罗设计一座宏伟的陵墓，准备要放在教堂内。由于这样的原因，有很多具体的使用问题尤利乌斯二世和伯拉孟特都没有予以充分考虑，特别是用什么位置去容纳成千上万前来聆听教诲的信徒，这算得上是教堂最重要的功能，可是希腊十字式平面无法满足这个需要——当神父站在中央时，他所能面对的最多只有四分之一的教堂空间。利奥十世没有前任那样的雄心壮志，在他的要求下，拉斐尔改变了伯拉孟特的设计意图，在中央穹顶的东侧设计了一个约有 120 米长的巴西利卡。

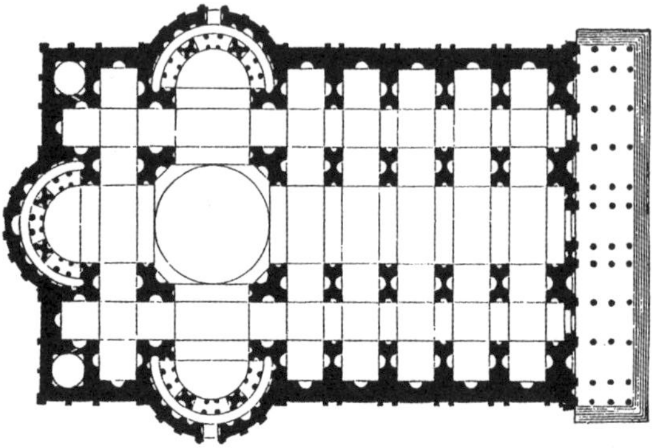
拉斐尔修改后的罗马新圣彼得大教堂平面图

这样一来，教堂满足了使用的要求，但是伯拉孟特方案中双向对称的完美形式却被打破，教堂面貌势必要重新回到拉丁十字的老路上去。

5–2 罗马的勃兰康尼·德尔·阿奎拉府邸

在负责新圣彼得大教堂建造期间，拉斐尔在罗马和佛罗伦萨还设计了几座府邸，罗马的勃兰康尼·德尔·阿奎拉府邸（Palazzo Branconio dell'Aquila）是其中之一。

勃兰康尼·德尔·阿奎拉府邸立面图（P. Ferrerio 绘于 17 世纪）

与伯拉孟特设计的拉斐尔府邸相比，这座府邸有一些值得关注的变化。它的底层没有采用粗面石砌形式，而是处理成券柱式构图。但是这些柱子的上方却并没有对应的柱子，而是空的壁龛。这种做法不仅没有先例，也似乎违背了建筑“本应具有的”逻辑。二层没有整体的壁柱，但却在窗户两侧做出小壁柱进行装饰，支撑着窗户上三角形与弧形交错布置的山花。这种装饰意味浓厚的做法是拉斐尔最早采用的，以后十分流行。山花上方则是华丽的浮雕图案。这些别具一格的造型方式，尤其是那种看似“违背”建筑逻辑的设计手法，与以伯拉孟特的坦比埃多为经典的讲求和谐的古典建筑语言有很大不同，似乎是在寻找一条变化之路。这条路后来将由米开朗基罗和罗马诺予以明确。

5-3 宗教改革运动

拉斐尔对伯拉孟特新圣彼得大教堂平面的改动还未来得及实现，1517 年，在德国爆发了由马丁·路德（Martin Luther，1483—1546）领导的宗教改革运动（Reformation）。它的导火线就是利奥十世领导的罗马教会采用出售所谓“赎罪券”（Indulgence）的方式来筹集建造圣彼得大教堂的巨额费用。

马丁·路德画像（L. Cranach the Elder 绘于 16 世纪）

罗马天主教教义宣称，人死之后，完全纯洁无玷污的灵魂将能直接进入天堂享永福；犯有大罪的灵魂将被投入地狱接受永罚；而那些虽然犯有一定罪行——几乎所有人一生中都会犯这样那样的过错——但却并非必须下地狱者，死后要先在炼狱（Purgatory）中暂时受苦以赎罪，待罪行完全得到炼净，便可进入天堂。教会宣称，耶稣及众多圣徒之死均为教会赢得无穷的功绩，这些功绩是教会的财富，教会可以随时将它们取出，以赎罪券的方式授予那些通过祈祷、忏悔，以及施舍、公益劳动、朝拜圣地、参加十字军等行为进行赎罪的人，以缩短他们在炼狱中煎熬的时日。这种教义本无可厚非。但后来教会为了聚敛财富，竟然把原本只是作为证书用途的“赎罪券”变成商品，宣称只要购买了这种东西，有罪的人就可以逃脱炼狱的惩罚。这样做，就将原本注重心灵的诚善转变为金钱至上，因而引起了包括马丁·路德在内的许多人士的强烈不满。路德认为，只有信仰而非善行才能造就真正的基督徒，并拯救他免入地狱，“因为只有信仰基督的人，才会变成善良的人，才会有善良的行为。”1517 年 10 月 31 日中午，路德将他对“赎罪券”的 95 条质疑张贴在德国维藤贝格（Wittenberg）教堂的大门上，从而掀开了宗教改革运动的序幕。这场运动得到不少对罗马教会征敛德意志巨额财富心存不满的诸侯支持，许多诸侯趁机解除罗马教皇对地方教堂和财产的控制，形成所谓的新教（Protestantism）。在这样一种情况下，罗马天主教会被迫将主要注意力转向同新教的斗争中。

5-4 罗马的马西莫府邸

1520 年，拉斐尔年仅 37 岁就不幸去世，真是天妒英才。他被埋葬在罗马万神庙内。继任圣彼得大教堂工程总监的是巴尔达萨雷·佩鲁齐（Baldassare Peruzzi，1481—1536）。他也是伯拉孟特的弟子，早年一直跟随伯拉孟特从事工程。

罗马万神庙内的佩鲁齐像，他去世后也被葬在这里

佩鲁齐的代表作是罗马的马西莫府邸（Palazzo Massimo alle Colonne），为马西莫家族的彼得罗（Pietro）和安吉洛（Angelo）两兄弟建造。其基地原本是 1 世纪修建的古罗马图密善剧场（Odeon of Domitian）的一部分，因而沿街一侧呈现出弧形的外观。在这里，他出色地处理了建筑的形式、秩序与空间的关系，表现出很高的驾驭复杂基地的设计能力。

位于基地右侧的是彼得罗府邸，由于其刚好处在丁字路口，所以被当成整座府邸的主要入口立面所在。但是由于基地形状限制，这条轴线并不能始终作为彼得罗府邸的主轴线，而是在建筑内部十分自然地转变成为中庭的次级轴线。在建筑的实际使用中，使用者并不会像我们现在看平面图一样对空间变化一目了然，而是很容易就被空间内部的布置所吸引，“步移景异”，几步之后就会淡忘先前的感观，不知不觉中就会落入建筑师的“陷阱”之中。具备这种认识是处理这种复杂空间的前提。而对于基地中其他不规则的空间，建筑师也很好地利用辅助功能空间予以消化。这样一来，所有的主要空间用起来都是方方正正的（即使有轻微的变形也是肉眼无法察觉的），轴线也大方得体，丝毫感受不到基地原始平面的那种扭曲变形。

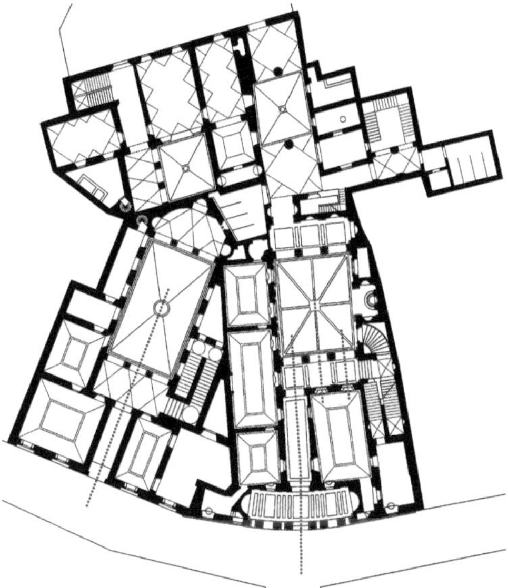

马西莫府邸平面图局部，左侧为安吉洛府邸，右侧为彼得罗府邸

马西莫府邸庭院内景

马西莫府邸外观

5-5 佩鲁齐与罗马新圣彼得大教堂

佩鲁齐设计的罗马新圣彼得大教堂平面图

作为伯拉孟特的弟子，佩鲁齐十分了解伯拉孟特的设计意图，他决心要恢复伯拉孟特的集中式构图。由于伯拉孟特缺乏建造如此巨型穹顶的经验——实际上当时谁也没有，因此在他的方案中支撑穹顶的四个大柱墩的尺寸被严重低估。佩鲁齐不得不大大增加柱墩的体量，与此同时在整体规模上也进行相应扩大。

然而佩鲁齐的方案也没有来得及实现。有道是祸不单行，就在宗教改革运动震撼罗马教会根基的同时，另一场大祸又降临罗马。自从前述的“意大利战争”爆发以来，历任教皇一直在与意大利各割据势力以及法国、西班牙和德国进行错综复杂的斗争。出于对教皇与法国联盟的愤怒，1527年，西班牙国王兼神圣罗马帝国皇帝查理五世（Charles V，1516年为西班牙国王，称为查理一世，1519—1556年为神圣罗马帝国皇帝）派出西班牙和德国联军进攻意大利。由于未能得到应得的军饷，信奉新教的德国军队无情地洗劫了天主教首都。这一事件沉重打击了罗马教会，圣彼得大教堂的建设工程也因此完全停顿。1536年，佩鲁齐去世。

5-6

罗马的法尔尼斯宫

下一任工程总监是小安东尼奥·达·桑加罗（Antonio da Sangallo the Younger，1484—1546），他是朱利亚诺·达·桑加罗和老安东尼奥·达·桑加罗的侄儿，世人一般称之为小桑加罗。小桑加罗也是伯拉孟特的弟子。他的最有名的作品是位于罗马的法尔尼斯宫（Palazzo Farnese），这是文艺复兴盛期宫殿府邸建筑的经典之作。

小安东尼奥·达·桑加罗画像

它的正面宽约56米，高约30米。立面分为三层，下面两层由小桑加罗设计，只在转角和大门处采用粗面石砌，其他部分均为光滑的墙面。这种做法拉斐尔最早采用过，以后较为流行。二层窗子上的山花也是效法拉斐尔做成三角形与弧形交错。小桑加罗去世的时候，府邸还未建成，与他素有嫌隙的米开朗基罗接手这项工作，改变了第三层的设计。

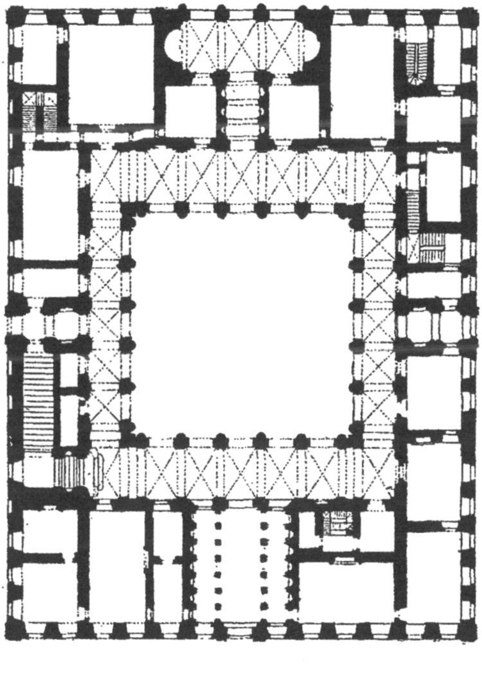

法尔尼斯宫平面图

法尔尼斯宫外观，这座建筑如今是法国大使馆

法尔尼斯宫中庭

不过法尔尼斯宫的整体构图比例依然保留，立面整体、每个窗户开间、大门开间以及主要的门窗都统一在同样比例的矩形中。

法尔尼斯宫的平面呈矩形，中庭约 25 米见方。中庭立面按小桑加罗的原意是仿效罗马大角斗场的券柱式构图，但后来米开朗基罗取消了第三层拱券，而代之以他自己的风格。中庭转角的部分也做了特别的设计。

5-7 奥尔维耶托的圣帕特里克之井

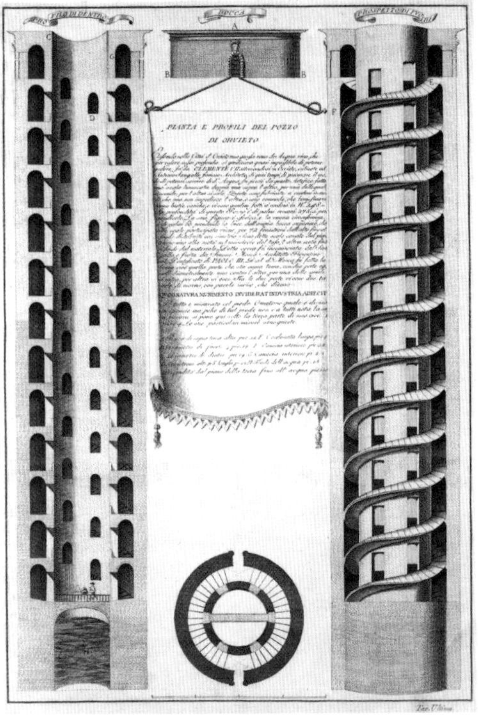

圣帕特里克之井剖面图

罗马被围攻之时，时任教皇克莱门特七世（Pope Clement Ⅶ，1523—1534 年在位，他是洛伦佐·德·美第奇的侄儿）先是躲在台伯河边的圣天使堡，而后逃往奥尔维耶托（Orvieto）。在这里，为了防备再次遭到围困，小桑加罗奉命挖了一口 53 米的深井。其底部直径 13 米，井壁做成双螺旋坡道，上下行错开以方便运水。这口井

圣帕特里克之井，从井底向上看

给人印象极为深刻，当时的人以传说中的爱尔兰“圣帕特里克炼狱”（St Patrick's Purgatory）为之命名。

5–8 小桑加罗与罗马新圣彼得大教堂

法尔尼斯宫的主人是红衣主教法尔尼斯，1534 年他当选为教皇，称为保罗三世（Pope Paul Ⅲ，1534—1549 年在位）。1536 年，保罗三世委托小桑加罗为圣彼得大教堂工程新任主持。面对理想主义与现实需要之间的矛盾，小桑加罗试图在伯拉孟特和拉斐尔两个方案之间寻求折中。他尽量保留了伯拉孟特的主要部分，而在穹顶东侧，他以一个较小的希腊十字空间取代拉斐尔的巴西利卡，试图使其既满足使用要求，又不失集中式的纪念内涵。他还精心制作了一个巨大的木质模型以表明设计意图。但从模型上看，这个方案的气势和尺度感达不到应有的效果，增加的部分破坏了穹顶在构图上的统帅地位。1546 年小桑加罗去世，这个方案没有取得进展。

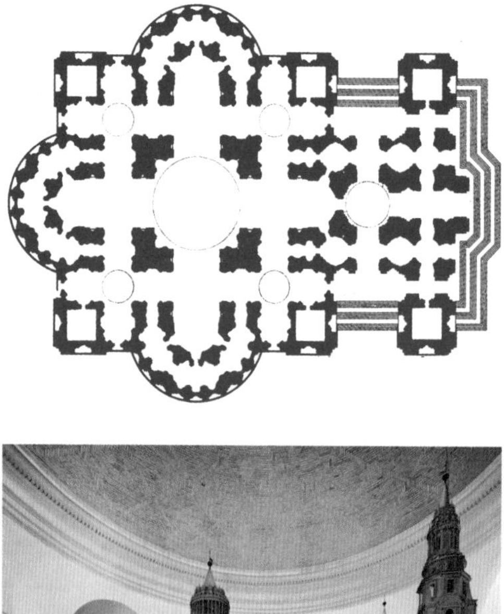

小桑加罗设计的罗马新圣彼得大教堂平面图

小桑加罗制作的罗马新圣彼得大教堂模型

第六章 米开朗基罗

『我有一个妻子，那就是我的艺术，她把我折磨苦了，我的孩子就是我留下的作品。』——

6-1 从《大卫》到教皇的天花板

米开朗基罗自画像

下一位登场的是米开朗基罗·博那罗蒂（Michelangelo Buonarroti，1475—1564）。

这位天才初次崭露头角是在 1499 年，他应法国驻罗马教廷大使红衣主教让·德·比尔埃雷斯（Jean de Bilhères）的委托而创作了《圣母怜子像》。据瓦萨里记载，当雕像刚刚完成的时候，米开朗基罗很想知道别人对他的评价，于是他就藏在雕像后方偷听，然而无人知道米开朗基罗的名字。失望之下，他将自己的名字刻在了圣母的衣带上。这是米开朗基罗唯一一座签名雕像。瓦萨里评价这件作品时说：“人体的各个部分无比

圣母怜子像（安放于圣彼得大教堂中）

大卫像

美丽，技艺无比高超……脉搏在跳动，血管里血在流动。实在难以相信一个匠人之手竟有如此功夫，在短短的时间里，做出如此令人叹为观止的作品。这确实是奇迹，一块全无形状的石头经他的手一雕琢，竟然比造物主创造的活人更完美。”[1]363

一举成名的米开朗基罗回到佛罗伦萨，他看中一块已经躺在该市公务处40年的巨石。曾经有雕塑家想要用它进行创作，但是除了造成破坏一无所成，大家都认为这块5米多高的石头没用了。米开朗基罗决心一试。1504年，举世闻名的《大卫》问世。他说：“大卫就在那里，我只是将他解放出来。”

1503年，教皇尤利乌斯二世上任。他看中米开朗基罗的才能，决心委托他为自己修建一座堪与古代奇观相媲美的陵墓，并计划安放在新建造的圣彼得大教堂中。㊀

㊀ 从瓦萨里的描述上看，准备要将自己的陵墓放进教堂这件事很有可能是促使尤利乌斯二世彻底拆除重建圣彼得大教堂的重要因素，旧教堂不足以放下这个庞然大物。

这是米开朗基罗一生最渴望的一份工作，他全力以赴进行创作构思。但是这一必将耗费巨资的项目却让正在主持大教堂重建工作的伯拉孟特深感不安，他决心动用一切影响力去阻止米开朗基罗。在伯拉孟特的蛊惑下，教皇改变了心意，决定暂停陵墓建设。米开朗基罗对此极为不满，他逃出罗马，发誓绝不再回。盛怒的教皇一再严令米开朗基罗返回，都遭拒绝。直到教皇亲率军队迫近佛罗伦萨时，米开朗基罗才不得不去见他。一位主教好心替米开朗基罗求情，说他这种人除艺术之外一无所知，请大人不计小人过。教皇闻言暴怒，大声呼喝道："你竟和他说即是我们也不敢和他说的侮辱的话。你才是愚昧的！滚开！见你的鬼吧！"教皇将全部怒气都倾泻在这位可怜的主教身上，而宽恕了米开朗基罗。

但是伯拉孟特不肯善罢甘休。他向教皇建议委派米开朗基罗去绘制梵蒂冈宫南侧的西斯廷礼拜堂（Sistine Chapel）天花板。西斯廷礼拜堂是由尤利乌斯二世的叔叔，同样热爱文艺的教皇西克斯图斯四世修建的，并以

米开朗基罗所做的陵墓设计稿

西斯廷礼拜堂天顶画，米开朗基罗首先从靠近东端的《大洪水》（右图上方下数第二幅）画起，而后是东端的《诺亚醉酒》，再往后则按照由东向西的顺序，最后完成的是西端的《上帝划分光明与黑暗》。远处墙面所画为《最后的审判》

他的名字命名。1492年起，这里成为红衣主教们选举教皇的地方。绘画本不是米开朗基罗的强项，伯拉孟特或许就是希望借此机会让米开朗基罗出丑，以使教皇对他失去信心。但是天才就是天才。从1508年到1512年，在四年多的时间里，米开朗基罗在西斯廷礼拜堂高高的天花板上以极大的毅力和无比的才干，用湿壁画技法（Fresco）㊀完成了旷世杰作《创世纪》。它的主体部分由九幅画组成，由西向东依次描绘圣经中上帝创世的故事，画的两侧则是巨幅的旧约英雄、先知和女预言家的画像。

㊀ 湿壁画是一种早在前1500年就在爱琴海地区出现的壁画技法。它的基本原理是将主要成分为碳酸钙的大理石或者石灰石煅烧形成生石灰（氧化钙），然后与水混合形成熟石灰（氢氧化钙）。将熟石灰调成泥膏状抹在墙上后，在其硬化前迅速将颜料抹在上面，颜料颗粒就会渗入熟石灰泥。当熟石灰与空气中的二氧化碳发生化学反应重新变回坚硬的碳酸钙之后，颜料就会永久地保存在墙壁上。这种技法对于时间的要求特别高，每次作画都需要在熟石灰泥硬化之前完成，必须要将画作仔细分成若干部分，一旦完成就不可以再修改，否则就要敲碎从头再来。瓦萨里将这种技法称为是“所有技法中最具有男人气概、最明确、最坚决和最耐久的。”

圣彼得镣铐教堂中的尤利乌斯二世陵墓。不过这位教皇的遗体却并未葬在其中，而是与其他教皇一道葬在圣彼得大教堂内

画作完成之后，米开朗基罗又有机会去创作他的“陵墓”。然而尤利乌斯二世不久就去世了。继任教皇，出自美第奇家族的利奥十世再次中断了米开朗基罗钟爱的工作，差遣他去佛罗伦萨为美第奇家族建造陵墓。在完成美第奇陵墓之后，他终于得以将尤利乌斯二世陵墓完成，但这个设计已经较原计划大大缩水，不再是四面都有雕像的金字塔式的独立建筑，而是倚靠墙壁只有一面有雕像，并且其放置位置也不再是圣彼得大教堂，而是罗马的圣彼得镣铐教堂（San Pietro in Vincoli）。

1534 年，保罗三世成为教皇。他要求米开朗基罗去绘制西斯廷礼拜堂西端壁画。当米开朗基罗表示希望继续从事他最喜爱的雕塑事业时，保罗三世勃然大怒：“三十年来我一直有这个想法，现在我是教皇了，你认为我还不能如愿吗？”[1]413 1536—1541 年，米开朗基罗再次拿起画笔，在西斯廷礼拜堂绘制完成《最后的审判》。

6-2 米开朗基罗与罗马新圣彼得大教堂

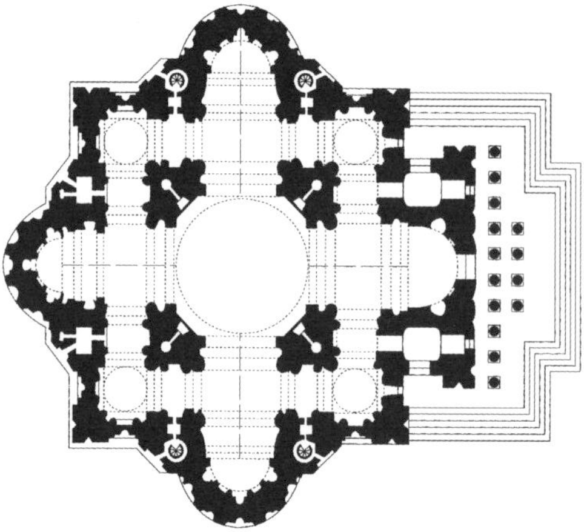

米开朗基罗修改后的罗马新圣彼得大教堂平面图

1546 年，已经 71 岁高龄的米开朗基罗受教皇保罗三世之命成为新的圣彼得大教堂工程总监。

他抱着“要使古希腊和古罗马黯然失色”的雄心壮志，将生命中最后的 18 年全部投入了这一伟大的工程。米开朗基罗不赞成小桑加罗对伯拉孟特集中式构图的“篡改”，他希望仍然能

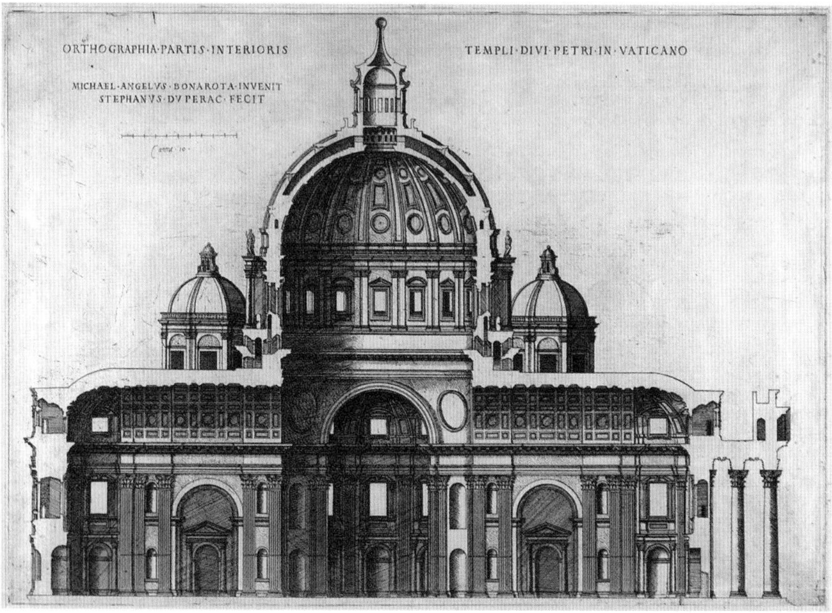

米开朗基罗设计的罗马新圣彼得大教堂剖面图（É. Dupérac 绘于 16 世纪）

够维持对完美艺术的追求。但是为了加快工程进度，他对伯拉孟特方案作了必要的调整，取消了设在四角的塔楼。同时他也改变了四个立面完全相同的做法，在朝向罗马城的东立面外设计了一个九开间的柱廊作为入口标志。在最重要的穹顶设计上，他认真研究了伯拉孟特的意图，同时吸取布鲁内莱斯基建设佛罗伦萨大教堂穹顶的经验，并加以创新。他曾经设想过采用完美的半圆形设计，但最终为减少侧推力，同时也为了让穹顶在从下向上的透视角度中更加突出，决定仍然采用尖拱结构，但两个圆心非常接近，看上去几乎就是半圆形。穹顶也是分为内外两层，16条肋骨用石块砌筑，其余则用砖砌。顶部也建有采光塔。

尽管米开朗基罗不懈地推进工程进展，但到1564年他去世时，工程只完成到穹顶的鼓座部分。后任的工程负责人贾科莫·德拉·波尔塔（Giacomo della Porta，1533—1602）和多梅尼科·丰塔那（Domenico Fontana，1543—1607）基本遵照米开朗基罗的意图于1590年左右完成了穹顶建造。这个穹顶从尺寸上说虽然算不上空前绝后，但绝对是人类所曾经建造过的最了不起的大穹顶。它的内径达到41.9米，非常接近万神庙和佛罗伦萨大教堂，而内部顶点的高度竟达123.4米，比佛罗伦萨大教堂穹顶高出30米，几乎是万神庙的三倍！与它相通的四个拱臂宽达27.5米，

罗马新圣彼得大教堂穹顶远眺

罗马新圣彼得大教堂穹顶

比君士坦丁巴西利卡的中厅更宽，而 46 米的高度和 137 米的长度更是大大超出。可以说伯拉孟特和米开朗基罗的宏愿得到完全实现，欧洲历史掀开了崭新而前途光明的一页。

6-3 佛罗伦萨的劳仑齐阿纳图书馆

劳伦齐阿纳图书馆阅览室

米开朗基罗不仅是文艺复兴时期最伟大的雕塑家和画家，同时也是最伟大的建筑家。他在建筑上的成就不仅体现在圣彼得大教堂的建造上。1524 年动工修建的佛罗伦萨圣洛伦佐教堂劳仑齐阿纳图书馆

（Laurentian Library）是米开朗基罗的建筑代表作之一。这座图书馆是由教皇克莱门特七世创建，收藏有美第奇家族历代收集的15000份珍贵的古代手稿，在那个时代就已经对想要借阅的人开放，旨在改变世人对美第奇家族“商人”的刻板印象。

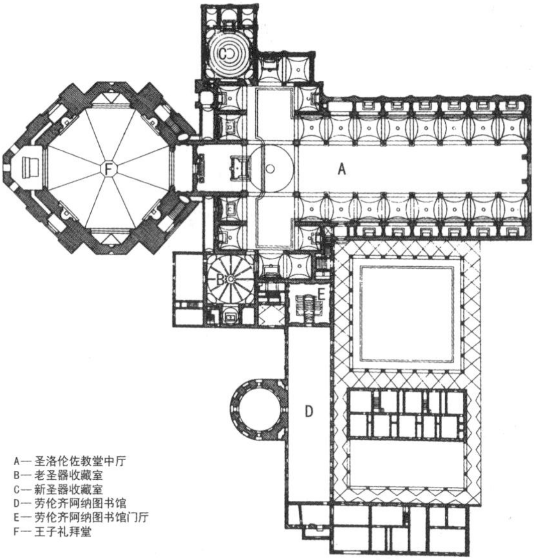

圣洛伦佐教堂及其附属建筑平面图

图书馆的阅览室是一个狭长的空间，在前方有一个下沉的9.5米×10.5米的前厅，与圣洛伦佐教堂横厅相接，这是整个设计的精华部分。在这里，米开朗基罗超越了在他之前的那些伟大的文艺复兴建筑家，抛开了被他同时代其他建筑家们视若神圣的古典比例、柱式、法则、规范，完全按照自己作为一位大雕塑家的绝对自信来处理各个细节。或许在他看来，建筑不过是雕塑的延续。他将划分壁面的双柱嵌入墙内，与之对

劳伦齐阿纳图书馆门厅（一）

劳伦齐阿纳图书馆门厅（二）

劳伦齐阿纳图书馆门厅柱础局部（摄影：G. Pischel）

应的柱顶楣构也向内凹陷。这样一来，原本看上去只是作为填充物的墙体厚度就被夸大了。这种做法完全不符合梁柱结构的“正常”逻辑。此外，在柱子的基座、山花等的处理上也是与众不同，他用雕塑的手法取代了建筑的规则。楼梯的设计更是特异，它不再是一个普普通通由下而上、由外及里的建筑组成,倒像是一股由里而外、由上向下倾泻而出的洪流，似要将文艺复兴的宁静秩序搅个天翻地覆。

英国艺术评论家赫伯特·里德（Herbert Read，1893—1968）形容说：“这些建筑混合物的各个组成部分——柱、窗、梁——不再用来迎合任何结构目的，而完全是为了取得审美效果。特别应该引起我们注意的是，有些壁龛设计的主要目的在于构成一种阴影，或突出一种纯浮雕特征。总之，我们所看到的建筑物不是依照建筑法则，而是依照绘画或雕塑法则组合而成的；可以说，整个风格，从其对建筑的影响来看，是由于滥用艺术法则的产物。”他说：“假如你是一位纯粹派艺术家，并且认为一切艺术皆遵从其材料与功能特有的法则，我不知道你能否对（这种）风格采取一种宽容的态度。反之，如果你认为成功地满足和愉悦人的感觉是艺术唯一准则的话，那么，这种想要利用石头创造出一种立体组合结构的尝试将不会引起你的反感吧。”[28]108-109 这种打破常规地运用古典要素——或者按照里德的说法是“滥用艺术法则”的做法后来被称之为“手法主义”（Mannerism，又译“风格主义”或“矫饰主义”），吸引了众多的效仿者。瓦萨里记载道：“看到那种破格方法的人们极受鼓舞，纷纷效仿，种种奇怪的装饰新构思层出不穷，冲破传统的樊笼。”[1]400

米开朗基罗的这件作品成为文艺复兴发展的一个重要转折点。他虽然还在整体上保持空间体积的完整性，但所表现出来的这样一种要“打开、扩大和冲破”空间的精神，为下个世纪巴洛克建筑的横空出世开辟了通路。

6-4 佛罗伦萨的圣洛伦佐教堂新圣器收藏室

圣洛伦佐教堂北侧的新圣器收藏室（Sagrestia Nuova）1519 年开始建造，也是米开朗基罗手法主义的力作。它的主体是一个方形的空间，上覆着万神庙式的穹顶。它的总体构思与布鲁内莱斯基设计的老圣器收藏室相似，但在细部处理上却是尽可能打破常规，例如上下墙面的壁柱相互之间就好像并没有多少关联。

新圣器收藏室穹顶仰望

左为老圣器收藏室，右为新圣器收藏室

6-5 佛罗伦萨的圣洛伦佐教堂立面方案

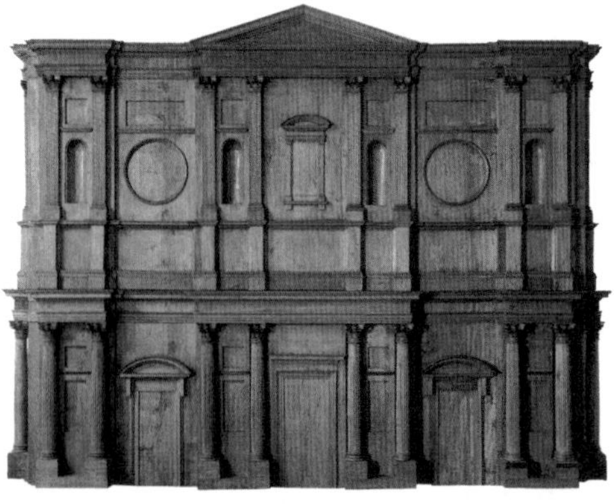

米开朗基罗制作的圣洛伦佐教堂立面模型

米开朗基罗还应美第奇家族的要求为圣洛伦佐教堂立面作了设计。这个立面带给人们一种全新感观，不再是对应内部空间的阶梯式造型，而是自成体系，以一堵独立的幕墙形式出现。尽管它并没有付诸实现，但是却给后人很大启发。一个世纪之后，当马代尔诺为圣彼得大教堂建造新立面时，就采用了这种做法。

6-6 罗马的卡比托利欧广场

卡比托利欧广场（Piazza del Campidoglio）又称市政广场，位于罗马城中心的历史文化圣地卡比托利欧山上。在古罗马时代，这座略呈“凹”字形的小山上建造了好几座重要的神庙，其中在南山顶上有前 509 年建造的朱庇特神庙，北山顶是前 344 年建造的警戒者朱诺神庙（Temple of Juno Moneta），两者之间靠近罗马广场的地方是罗马国家档案馆。中世纪的时候，小山就像整个罗马城一样遭到了破坏，两座神庙都被拆毁，在原朱庇特神庙的位置上建造起保守宫（Palazzo dei Conservatori），是当时的市政官员驻地；在警戒者朱诺神庙的位置上则建造了一座教堂——阿拉科埃利的圣玛利亚教堂（Santa Maria in Aracoeli），而原来的国家档案馆则被改造成了城堡式的元老宫（Palazzo Senatorio，现为市政厅）。

古罗马卡比托利欧山复原图，红线框为国家档案馆（R. Oltean 绘制）

罗马卡比托利欧山现状，中央为市政厅，背后为市政广场，前方为古罗马广场遗迹

1536年，米开朗基罗受教皇保罗三世的委托，开始这座广场的改造工作。面对如此无序和不规则的环境，埃德蒙·培根在《城市设计》一书中论及此事时写道：“我们试想一下，像他这样一位如此求索法式和美学的大师，大可以拆光旧建筑以让自己的创造力自由发挥。”[10]116 可是米开朗基罗不是这样选择的。他的选择是保留原有建筑的基本结构，在充分尊重前人劳动成果的基础上进行自己的创作。米开朗基罗注意到元老宫和保守宫这两座建筑的夹角略小于90°，他决定利用这一点做文章，设计一座以元老宫为中轴的梯形广场，就像罗塞利诺设计的皮恩扎中心广场一样。他命人从山下的罗马广场迁来古罗马皇帝马可·奥勒留（Marcus Aurelius，161—180年在位）的骑马雕像，把它安放在正对元老宫的轴线上，同时在元老宫的立面上修建一个以此轴线为中心对称的大台阶。他还给位于广场右侧的保守宫重新设计了立面，并在广场中轴线上设计了通向山下的台阶。

开始动工时的景象，正面为元老宫，右侧为保守宫（约绘于1555年）

米开朗基罗逝世时的卡比托利欧广场（M. Merian 绘制）

虽然到米开朗基罗逝世的时候，整座广场并未全部完成，但是他已经为后人树立了一个尊重前人的榜样，于是他的创意不会像我们今天常见的那样“人亡政息”，而是在他逝世许多年之后仍然得到后继建筑师的理解认同。17世纪初在广场左侧几乎完全按照保守宫的样貌增建了新宫（Palazzo Nuovo），最终使这座伟大的梯形广场得以全部完成。

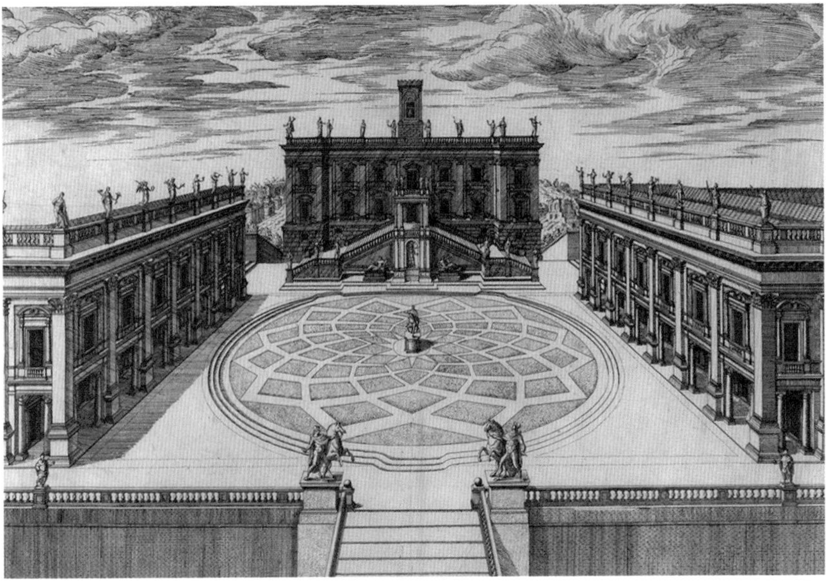

卡比托利欧广场完成后的模样（E. Dupérac 绘制）

如下图所示，我们可以比较一下这座广场设计前后的面目。就像埃德蒙·培根说的：“米开朗基罗已经用事实证明，谦恭和权力在同一个人手中可以并存，可以创造一个伟大的工程而不毁坏已经存在的史迹。”这才是真正的高明。

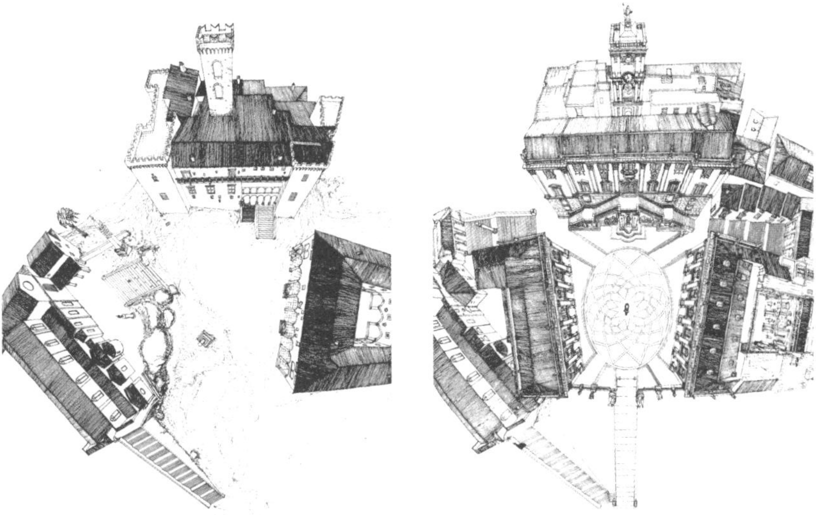

卡比托利欧广场设计前后对比图（引自埃德蒙·培根《城市设计》）

卡比托利欧广场。从正常的视角看去，很难能够发现这是一座梯形广场

最后建成的这座市政广场背对着卡庇托林山东南方向的古罗马城市中心，而面朝向卡庇托林山西北方向的文艺复兴时期的新罗马。它的平面呈梯形，纵深 79 米，最宽处 60 米，最窄处 40 米。一条很长的台阶从山下直通广场，它也是梯形的，下小上大。自从罗塞利诺设计的皮恩扎中心广场之后，梯形广场就成为文艺复兴城市设计家们的最爱，因为它看上去既有规整的特征以适应体面端庄的要求，又略显轻松自在不会过分拘谨。另一方面，对于一个梯形形状，当人从短边处向长边方向观看时，由于透视的原理，感觉上位于长边的物体会被向前“拉近”，距离“缩短”，尺度“减小”。反之则是相反的感受。这种梯形平面的广场设计后来成为艺术家非常喜爱的建造手法。

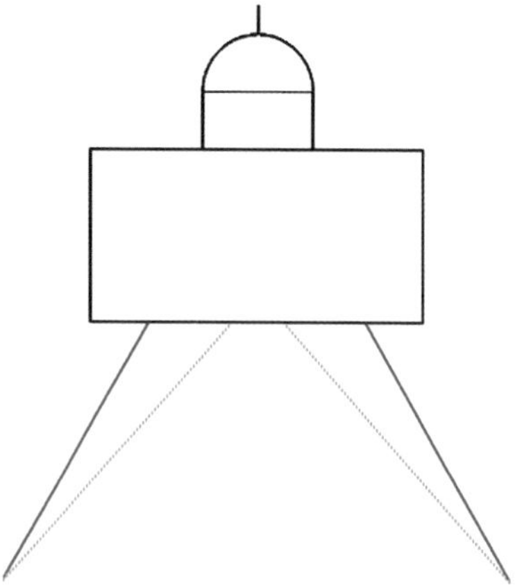

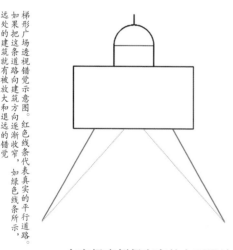

梯形广场透视错觉示意图。红色线条代表真实的平行道路。如果把这条道路向建筑方向逐渐收窄，如绿色线条所示，远处的建筑就有被放大和退远的错觉

在广场南侧保守宫的立面设计中，米开朗基罗采用了非同常规的巨柱式立面，巨大的壁柱从地面直通到二层楼顶，犹如一座巨型神庙一般，大大加强了建筑的视觉冲击力。另一方面，巨柱边上实际支撑二层墙体的小

圆柱的境遇却完全不同，在不得不承担起主要载荷任务的同时，它的生存空间受到巨柱的紧紧挤压，给人一种窒息的感觉。

保守宫外观

米开朗基罗是一位能够将自己的内心世界灌注到不仅是雕塑、绘画而且也包括建筑中去的伟人。他的建筑到处都散发出强烈的个人情感，这是他同时代的大多数人所无法企及的。他尝试将人类的精神情感从物质的枷锁中挣脱解放出来，从而开辟了艺术发展的新天地。

6–7 巨人之死

1564年2月18日，米开朗基罗在罗马家中逝世，享年90岁。罗曼·罗兰（Romain Rolland，1866—1944）在《米开朗基罗传》中最后写道：“伟大的心魂有如崇山峻岭，风雨吹荡它，云翳包围它；……我不说普通的人类都能在高峰上生存。但一年一度他们应上去顶礼。在那里，他们可以变换一下肺中的呼吸与脉管中的血流。在那里，他们将感到更迫近永恒。以后，他们再回到人生的广原，心中将充满日常战斗的勇气。”[29]

米开朗基罗晚年创作的《哀悼基督》，背后的老者据说是按照他自己的形象创作的

第七章 十六世纪建筑名家

“我这里制定的规则并不是只为那些智慧超凡的人准备的，普通人也可以看得懂。”

7-1 罗马诺与曼托瓦的德泰宫

罗马诺自画像

朱利奥·罗马诺（Giulio Romano，1499—1546）是16世纪有名的手法主义建筑家。他出生于罗马，并以此为姓。罗马诺早年曾师从拉斐尔，作为助手参与了拉斐尔在梵蒂冈宫的壁画工程。拉斐尔去世后，罗马诺于1524年前往曼托瓦发展自己的事业。

1526年，罗马诺为曼托瓦侯爵费德里科二世·贡扎加（Federico Ⅱ Gonzaga，1500—1540）设计了一座郊区离宫，意大利语称之为泰宫（Palazzo Te），不过艺术史界一般以瓦萨里对其的称呼而称之为德泰宫（Palazzo del Te）。

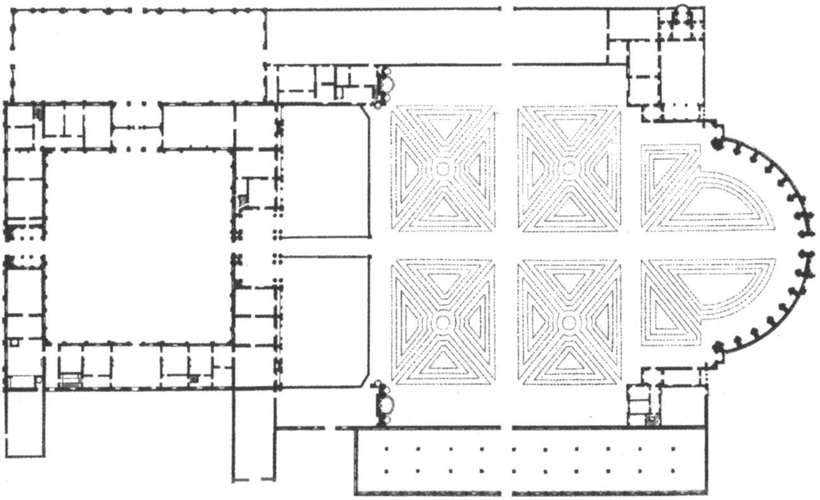

德泰宫平面图

大约是受拉斐尔设计罗马勃兰康尼·德尔阿奎拉府邸时锐意创新的影响，这座德泰宫的许多做法都有意偏离传统建筑法则。例如，宫殿的正大门没有特别理由而未设在显而易见的建筑主轴线上；大门上粗暴切断山花的毛石；窗子上完全消失的山花

德泰宫庭院立面局部

德泰宫主要入口朝向内庭院一侧立面，可以看到开间宽度被『恣意』改变

德泰宫庭院朝向花园一侧立面

下沿；粗凿面与光面混杂而高度不一的壁面砌石等。更有甚者，这座正大门左右两侧的开间竟然故意做成大小不一，毫无章法，任何一位受过基本训练的建筑师都绝对不会犯这样的“错误”，也绝对不能忍受这样的“错误”。朝向花园的立面开间设计也是同样的任性，在大门两侧经过两个相同构成逻辑的窗户开间组合之后，第三个拱窗的构成方式毫无征兆地发生改变，并且在与第四个拱窗之间又加入一个壁龛开间。如此的“恣意妄为”，即使是米开朗基罗最叛逆的时候也不肯做的。

德泰宫巨人厅一角

在德泰宫中一个被称为巨人厅的房间内，兼任画家的罗马诺将整个房间变成一幅连体壁画，被宙斯打败的巨人们从天顶轰然跌落，将房间四周的墙壁、柱子砸了个粉碎。这幅画似乎也是在为他的建筑设计做一个注解。与此同时，这样一种有意模糊建筑与装饰、真实空间与图画空间之间界限的表现方式将在下一个世纪的巴洛克时代被继承和发扬。

7–2 圣米凯利与维罗纳的贝维拉夸府邸

除了罗马诺之外，16 世纪意大利其他建筑师虽然也常有背离常规之处，但一般都没有他这么极端。

贝维拉夸府邸立面局部，左边的柱身采用螺纹凹槽

米凯莱·圣米凯利（Michele Sanmicheli，1484—1559）是一位活跃在意大利北方城市维罗纳（Verona）的建筑家，早年曾师从老安东尼奥·桑加罗。位于维罗纳的贝维拉夸府邸

贝维拉夸府邸立面（摄影：L. Scaligero）

（Palazzo Bevilacqua）是他的代表作。这座建筑的底层柱子采用粗面石工设计，这种手法主义的做法最早出现在罗马诺的德泰宫，后来较为流行。它的开间采用大小交替变化的形式，上下两层都采用券柱式构造，在拱券上方效法拉斐尔的勃兰康尼·德尔阿奎拉府邸也做有精美的浮雕。它的柱身凹槽处理方式特别具有手法主义的情调，除了常规的竖向条纹之外，还间错进行左旋和右旋，富有装饰性。

7-3 桑索维诺与威尼斯圣马可图书馆

圣马可图书馆二层立面局部

雅各布·桑索维诺（Jacopo Sansovino，1486—1570）出生在佛罗伦萨，曾在伯拉孟特手下学习工作。1527年罗马遭遇浩劫时，他逃往威尼斯，原本准备转去法国发展，但他的才华得到威尼斯人的赏识，于是就此留下并度过余生。

桑索维诺为威尼斯创作了许多雕塑和建筑作品，其中最有名的当属位于圣马可广场总督府对面的圣马可图书馆（Biblioteca Marciana）。这座图书馆底层采用券柱式构造，拱券上有华丽的雕塑。二层略为收窄开间中央的拱券宽度，从

圣马可图书馆东立面（摄影：W. Moroder）

而在两侧形成一个较窄的小开间，其上的平额枋与中央拱券形成对比，使立面富有层次感。这个设计给帕拉第奥留下深刻印象，他赞之为是“古代以来所建造的最为富丽纷繁的、最富于装饰意味的建筑。”[30]68

7-4 塞利奥与《建筑学和透视学全集》

16 世纪意大利建筑事业的发展不仅体现在实际建造的建筑作品上。随着约翰内斯·谷登堡（Johannes Gutenberg，1400—1468）所发明的金属活字印刷术的普及，建筑理论的写作和传播也日益受到重视。塞巴斯蒂亚诺·塞利奥（Sebastiano Serlio，1475—1554）是意大

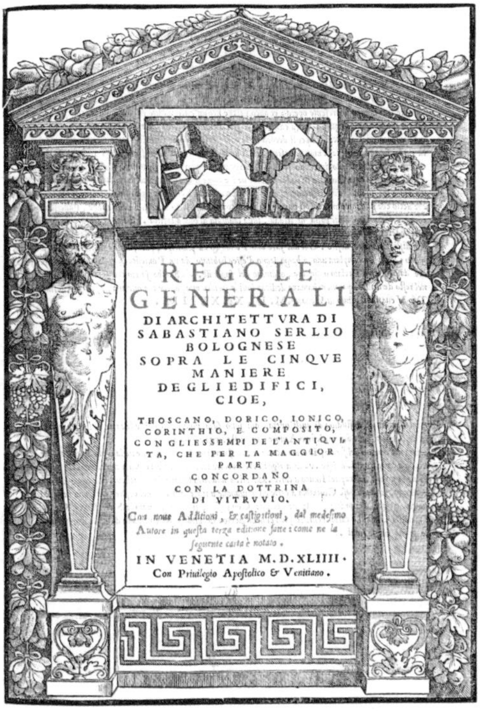

REGOLE
GENERALI
DI ARCHITETTVRA DI
SABASTIANO SERLIO
BOLOGNESE
SOPRA LE CINQVE
MANIERE
DEGLI EDIFICI,
CIOE,
THOSCANO, DORICO, IONICO,
CORINTHIO, E COMPOSITO,
CON GLIESSEMPI DE L'ANTIQVI
TA, CHE PER LA MAGGIOR
PARTE
CONCORDANO
CON LA DOTTRINA
DI VITRVVIO.
Con noue Additioni, & castigationi, dal medesimo
Autore in questa terza editione fatte: come ne la
seguente carta è notato.
IN VENETIA M.D.XLIIII.
Con Priuilegio Apostolico & Venitiano.

塞利奥《建筑学和透视学全集·第四书》扉页

塞利奥《建筑学和透视学全集·第四书》插图。在这本书中，塞利奥第一次将罗马五柱式作为一个整体呈现出来，确立了西方古典建筑设计的基本语法

利 16 世纪第一位有重要影响的建筑理论家。他早年曾在罗马师从佩鲁齐，1527 年前往威尼斯，而后在 1541 年迁居法国。从在罗马工作时开始，他就专注于撰写有关建筑学的丛书《建筑学和透视学全集》（Tutte l'opere d'architettura et prospetiva）。按照他自己从一开始就定好的写作计划，这套书将由七本书组成㊀，分别介绍作为建筑基础的几何学原理、建筑透视图的绘制方法、古代遗迹的测绘和设计要点、以柱式分类的五种建筑类型的一般规则、不同的神庙（教堂）形式等。他将写作重点放在建筑设计一般规则的阐述上，避开深奥的建筑理论，而是采用以图为主文字辅助的方式，通过对每一座建筑进行详尽的平面图、立面图、透视图或构造展示，以便那些受教育不多的工程技术人员和普通建筑师能够尽快了解和掌握建筑的基本法则。因为这样的原因，这套书自从问世起，就深受欢迎，成为建筑学界最有影响力的出版物之一。

身为手法主义时代的建筑家，塞利奥并没有一味要求遵守规则，他始终强调建筑师应该拥有决断力，应该能够在遵守一般规则的基础上临机定夺，根据不同的情况改变建筑设计。

㊀ 实际上塞利奥一共写了 9 本书，其中只有第一书到第五书，以及一本未编号的《关于大门的非常之书》在他生前出版，所以一般又称其著作为《塞利奥建筑五书》。第七书出版于 1575 年，而第六书和第八书一直到 20 世纪才被出版。

7-5 维尼奥拉与《五种柱式规范》

贾科莫·巴罗齐·达·维尼奥拉（Giacomo Barozzi da Vignola，1507—1573）也是16世纪意大利文艺复兴后期最有影响的建筑家和理论家之一。在理论方面，他于1562年出版的《五种柱式规范》（Regola delli cinque ordini d'architettura）在塞利奥的基础上进一步将这一西方古典建筑基本语法予以完善，用更加简便而明确的方式规定了五种柱式的比例以及它们与建筑整体尺度的关系，使得任何一个“普通的有识之人”只需要“简单一瞥”就可以了解和应用。[16]52 他的这些规定都是建立在自身经验美学的基础上，但是由于这些规定“简单、易行和快捷”，这就使得它一问世，就被他人不假思索地广泛引用，几乎成为后世西方建筑学子的金科玉律，使文艺复兴的基本信念得以通过教条的形式在激情燃烧过后又延续了许多个世纪。

维尼奥拉《五种柱式规范》扉页，画面中央为作者像

7-6 罗马的耶稣会教堂

维尼奥拉最有名的建筑作品是1568年开始建设位于罗马的耶稣会（Society of Jesus）总部耶稣会教堂（Church of the Gesù）。

圣伊纳爵·罗耀拉画像（绘画：鲁本斯）

耶稣会由西班牙人圣伊纳爵·罗耀拉（Saint Ignatius of Loyola，1491—1556）于1534年创立，并于1540年得到教皇批准，是在反宗教改革运动期间诞生的一个准军事化的传教组织。它坚持罗马教皇的绝对权威，推行严格的天主教制度，力图以重唤信徒虔诚之心来对抗宗教改革运动。耶稣会一改以往修道会主要注重宗教修行的特点，不着专门会服，积极投身社会政治活动，以成员极好的修养和渊博的学识维护天主教教义，有效遏制了新教势力在欧洲的扩散。耶稣会还积极投身海外传教活动。基督教在唐代和元代时都曾传入中国，但都先后中断。1582年，耶稣会传教士利玛窦（Matteo Ricci，1552—1610）再次将基督教（天主教）传入中国，并与中国国情相结合，在明末清初取得一定的进展。

1545 年，教皇保罗三世在意大利特伦托（Trento）召开第 19 次天主教公会议，会议断断续续持续了 18 年。这次会议的主题就是反宗教改革。会议重申了天主教的主要教义，对引发宗教改革的一些传统陋习和腐败现象进行改革，有效地恢复了人们对天主教的信仰。特兰托会议也加强了对宗教美术的控制，特别是对所谓亵渎宗教的艺术形式的审查㊀。引发文艺复兴的人文主义思潮中断了，世界似乎又回到信仰的时代。

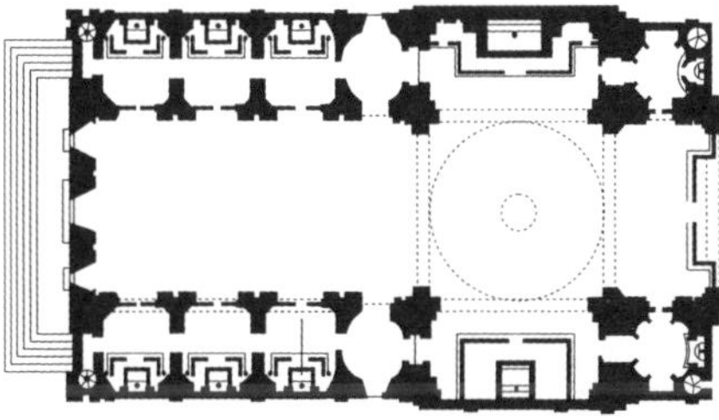

耶稣会教堂平面图

耶稣会教堂内部，宽度有所夸大（A. Sacchi 和 J. Miel 绘制）

特兰托会议对教堂的布局有明确的要求，教堂不能只是满足艺术的理想，而必须在最大限度上满足在大群信徒面前举行宗教仪式的需要。为因应这种要求，维尼奥拉在耶稣会教堂设计中改革了巴西利卡的形式，取消传统巴西利卡的侧廊设置，将信徒的注意力集中在中厅，同时加宽中厅以容纳更多信徒。中厅屋顶采用与阿尔伯蒂设计的曼托瓦圣安德烈亚教堂同样的筒形拱顶，两侧也是类似的小礼拜室。这种布局形式在随后的岁月里，成为包括再次改建的罗马圣彼得大教堂在内的大型教堂的基本布局形式。

㊀ 要求为米开朗基罗《最后的审判》中的裸体人物填画裤子的行为就是一例。1559 年，教皇保罗四世命令画家沃尔特拉（Daniele da Volterra）为画中人物添上裤子。这位“可怜”的画家从此被人称为“裤子裁缝师”。当时仍然在世的米开朗基罗在听到这一消息时说：“告诉教皇，这是一件小事，容易整顿的。只要圣上也愿意把世界整顿一下。整顿一幅画是不必费多大心力的。”

维尼奥拉设计的耶稣会教堂西立面方案

由波尔塔建成的耶稣会教堂西立面

维尼奥拉也为耶稣会教堂设计了立面。他的方案带有明显的手法主义意味，但总体上仍然保有文艺复兴平静、明晰的特点。但维尼奥拉没能看到耶稣会教堂完工就去世了，以后的工程由他的学生波尔塔加以完成。波尔塔对维尼奥拉的方案进行了调整，以明确的“双柱式”取代了维尼奥拉含糊的做法。波尔塔取消外侧的壁龛，通过强调墙面凹凸进退和切断檐口线角，使两侧的开间显得支离破碎，从而突出中央开间。这种对中央部分的强调，还通过套叠的山花、壁柱向圆柱的转化以及越靠近中央装饰成分越复杂等因素进一步体现出来。它将教堂外部观众的注意力全部集中到建筑的正面，集中到装饰最丰富的教堂入口处，以引导他们进入教堂。这样一种带有明确焦点的立面处理手法是文艺复兴以来所不曾有过的，它瓦解了文艺复兴所秉持的理性、秩序、卓尔不群的理念，再一次将建筑与人的情感紧密联系起来，预示新的时代即将到来。

7-7 罗马的圣安娜 · 帕拉弗莱尼埃利教堂

位于罗马圣彼得大教堂附近的圣安娜 · 帕拉弗莱尼埃利教堂（Sant'Anna dei Palafrenieri）开工于1565年，在维尼奥拉去世后由其儿子最终将其建成，是一座具有椭圆形平面的小型教堂。前面说过，文艺复兴建筑家的理想是要将教堂设计成像圆形这样的完美形态，但是圆形平面实在不符合天主教的礼拜仪式。在特兰托会议召开的大背景下，维尼奥拉率先将椭圆形平面引入教堂设计。它既具有圆形的集中性特征，同时又具有明显的纵轴线——这是传统巴西利卡教堂的主要特征之一，可以让神父站在轴线的尽端而不失其重要地位。与只能让神父站在圆心的圆形平面相比，这种椭圆形平面能够容纳更多的信众，因而就成为艺术家个人理想和天主教现实之间的折中选择，在后来广为流行。

圣安娜 · 帕拉弗莱尼埃利教堂外观

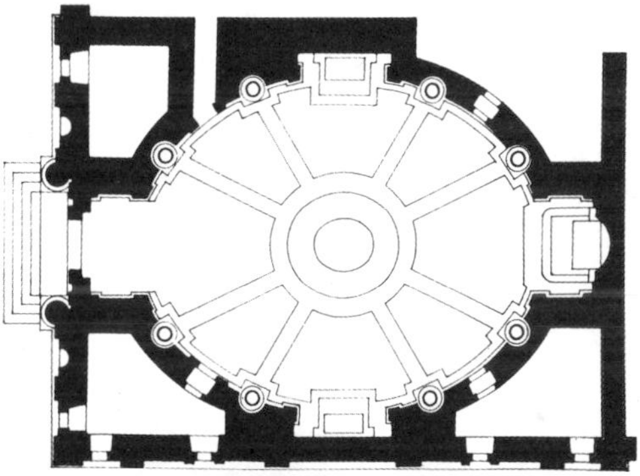

圣安娜 · 帕拉弗莱尼埃利教堂平面图

圣安娜 · 帕拉弗莱尼埃利教堂内景

第八章 帕拉第奥

『我深信这座建筑完全可以跻身于古往今来最伟大最美丽的建筑之列。』

帕拉第奥画像（G. B. Maganza 绘于 1576 年）

8-1 《建筑四书》

安德烈亚·帕拉第奥（Andrea Palladio，1508—1580）[1]是意大利文艺复兴后期杰出的也是对后世影响最大的建筑大师和建筑理论家之一。他毕生从事建筑事业，是意大利文艺复兴开始后第一位专职建筑家。

帕拉第奥非常崇敬维特鲁威，将他视为自己进入建筑领域的“导师”。

[1] 帕拉第奥原名安德烈亚·迪·皮耶罗·德拉·贡多拉（Andrea di Piero della Gondola）。“帕拉第奥”这个称呼是由对他有知遇之恩的人文主义学者特里西诺（Gian Giorgio Trissino）给他取的，原为特里西诺所著史诗故事中的英雄人物，名字出自古希腊智慧和艺术女神帕拉斯·雅典娜（Pallas Athene）。帕拉第奥没有辜负这个名字。

他效法维特鲁威和阿尔伯蒂，也计划写作有关建筑学的十本书，但最终只有四本获得出版，后世称之为《建筑四书》（I Quattro Libri dell'Architettura），其余都遗失了。他以自己精心测绘的古代建筑遗物和自己的创作活动为基础，对建筑领域的许多方面提出建议，要为“所有迫切希望造出美好而优雅的建筑作品的聪明人写出必须遵循的原则”，希望后来者“能借鉴我的实例并运用他们自己的聪明才智，为他们设计的建筑在华丽中增添古典的、真正的美与优雅。”[25]3

帕拉第奥《建筑四书》扉页

8–2 帕拉第奥的住宅设计

维特鲁威曾经提出，建筑应该具有“坚固”“实用”和“美观”三个基本原则，帕拉第奥改换了前两者的次序，他把“实用”或者称为“适用”（Commodità）放在第一位[25]6，强调建筑的各个部件和各个部分都要首先做到“各得其所”，这样的建筑才能够与建筑主人的身份相对应。这一点特别体现在他所设计的住宅上。

帕拉第奥设计的住宅主要分成两种类型：城市住宅和乡村庄园。不论哪种类型，他都把平面的绝对对称当作是设计的第一要务。鲁道夫·维特科尔评价说："正是这个基调给了他的建筑一种可信的品质。"[11]70 当然这也不可避免地使得帕拉第奥在处理复杂平面时失去了一些灵活性，这一点只要比较一下佩鲁齐设计的马西莫府邸就可以看出。

帕拉第奥设计和绘制的住宅平面图（引自《建筑四书》）

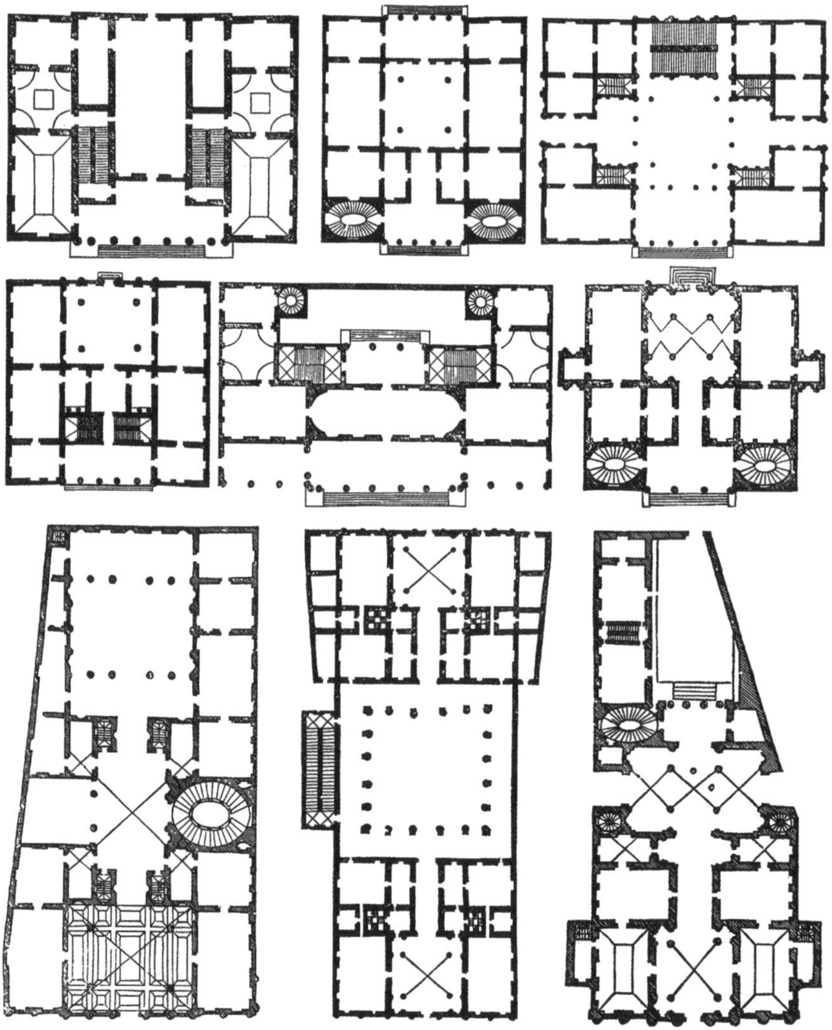

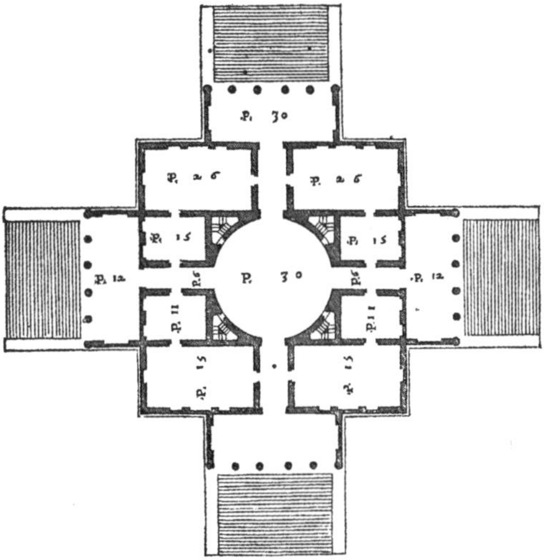

帕拉第奥绘制的圆厅别墅平面图（引自《建筑四书》），图中按照读写方向标注房间尺寸（单位：尺）

帕拉第奥十分注意让他所设计的房间长、宽、高保持恰当的比例关系㊀。其宽长比往往采用 1 : 1、1 : $\sqrt{2}$、1 : 1⅓ (3 : 4)、1 : 1½ (2 : 3)、1 : 1⅔（3 : 5）和 1 : 2。这当中除了 $\sqrt{2}$ 是正方形的对角线外，其他几个数字都是正方形边长的简单分数。采用这样一种数字关系作为房间的宽长值，特别有利于大、中、小不同形状房间的组合搭配。而在高度方面，则视不同情况分别采用算术平均数（Arithmetic mean）、几何平均数（Geometric mean）或调和平均数（Harmonic mean）进行推导。例如一间房间的宽、高、长分别为 4、6、8，其宽长比为 1:2，而高度值为宽、长值的算术平均数，与宽、长值正好形成等差数列。又如一间房间的宽、高、长分别为 4、6、9，其宽长比为 2:3 的平方数，而高度值为宽、长值的几何平均数，与宽、长值正好形成等比数列。再如一间房间的宽、高、长分别为 6、8、12，其宽长比为 1:2，而高度值为宽、长值的调和平均数，与宽、长值正好形成调和数列。这样做的结果，就使得所有房间的配置关系都“具有一种内在的恰当性”，从而使建筑“在整体上优美而端庄”。[25]82 从阿尔伯蒂的时代开始，建筑师们就特别注意用精确的数学比例来控制像教堂这样的公共建筑设计，而现在，帕拉第奥率先将这种比例控制关系引入到住宅设计中。

与维特鲁威和阿尔伯蒂不同，帕拉第奥将住宅视为最重要的建筑类型，在他的著作中，住宅被放在最前面进行介绍，而神庙则被排在后面。在这方面，他主要是受到同时代的人文主义学者兼建筑理论家达尼埃莱·巴尔

㊀ 有关文艺复兴时期建筑中的比例问题，鲁道夫·维特科尔在《人文主义时代的建筑原理》第四部分“建筑中的和声比例问题”一文中有极为精彩的分析。

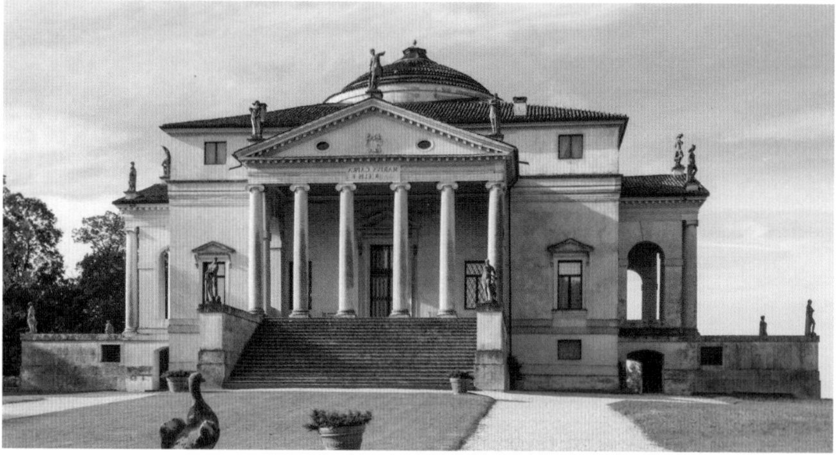

圆厅别墅外观（摄影：S. Bazzichetto）

巴罗（Daniele Barbaro，1514—1570）的影响。巴尔巴罗的主要贡献是将维特鲁威的《建筑十书》从拉丁文翻译成意大利文，并对其进行详细的评注。巴尔巴罗认为，私人住宅是公共建筑的“核”，神庙则是住宅容貌的“折射”。[11]70 帕拉第奥赞成这种观点，他认为：“在所有建筑门类中，没有哪个对人而言比住宅更具本质意义。”[25]6 他开创性地将神庙门廊式立面用在住宅（主要是基地较为开敞的乡间别墅）上，以此“极大地增加建筑的庄严和华丽。”[25]147 这种风格最典型的代表就是位于维琴察（Vicenza）南郊的保罗·阿梅里克（Paolo Almerico）住宅，也就是著名的圆厅别墅（La

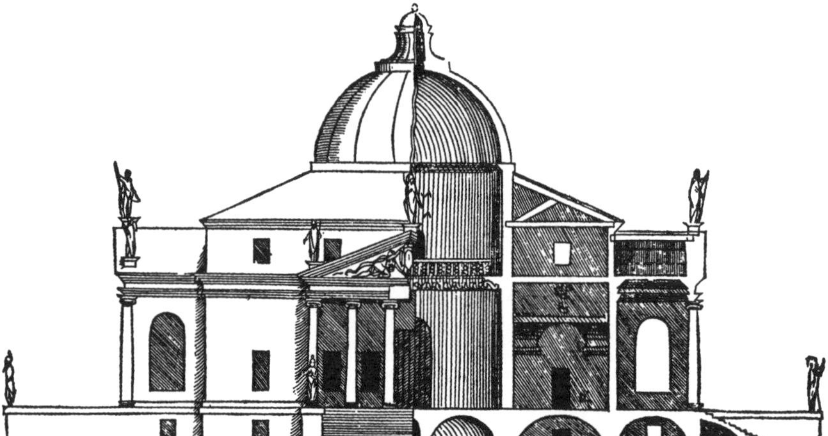

帕拉第奥绘制的圆厅别墅剖立面图（引自《建筑四书》）

Rotonda）。

在城市住宅设计方面，由于基地环境通常不允许做出神庙式的大台阶，帕拉第奥于是以伯拉孟特设计的拉斐尔府邸为范本，在学习中逐渐形成自己的特点。右图是维琴察的波尔图府邸（Palazzo Porto），建成于1552年。与伯拉孟特的设计相比，帕拉第奥通过首层面具状的拱顶石、二层窗边华丽的人像与垂花装饰、向前突出的爱奥尼克柱子和柱头楣构以及柱顶高高耸立的人像剪影等这样一些不同的做法，使之具有更加丰富而亲切的外貌。

帕拉第奥设计和绘制的波尔图府邸立面图（引自《建筑四书》）

波尔图府邸外观。与原设计图相比，局部有所改变

帕拉第奥曾经多次前往罗马考察学习。1554年他又一次来到这座伟大城市，在这里住了一年时间，亲身感受米开朗基罗正在掀起的手法主义新潮流。虽然他不赞成像罗马诺那种极度夸张的“误用”“不规范”和“无意义”[25]5 手法，但还是不由得被这种新颖的方式所感染。这一点特别地体现在1565年开工建造的维琴

瓦尔马拉纳府邸（O.B. Scamozzi 根据帕拉第奥的设计绘于 1776 年）

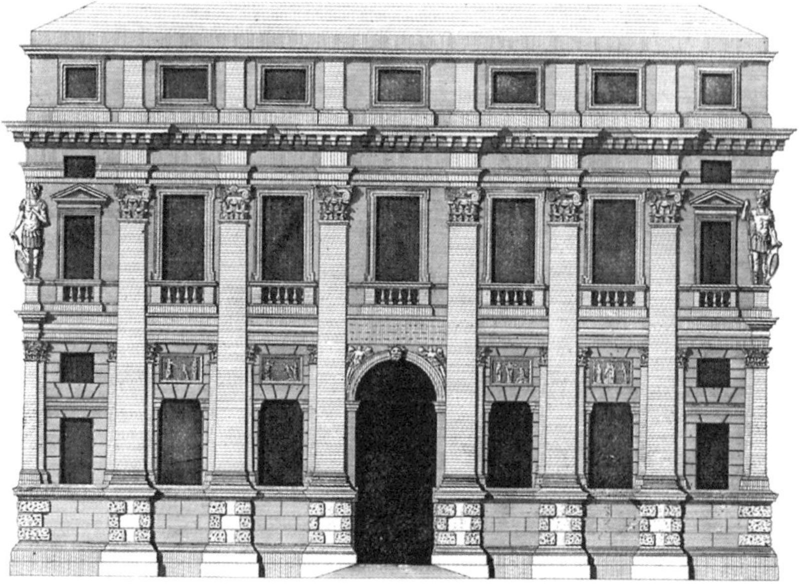

察瓦尔马拉纳府邸（Palazzo Valmarana）上。这座建筑立面最醒目的特征就是米开朗基罗式的巨柱造型，但是开间要狭窄得多，柱身和柱头楣构也是向外突出，使之整体上更加紧凑有力。在转角的地方，帕拉第奥展现了属于他独创的手法主义：在这个古典建筑本应该最能展现力量的部位，他竟然用一个站在纤弱小壁柱上的雕像取代巨柱！

维琴察的帕拉第奥巴西利卡（拉吉奥宫）鸟瞰

8-3 维琴察的帕拉第奥巴西利卡

帕拉第奥出生在距离威尼斯不远的帕多瓦（Padua），13 岁进入当地一家石匠作坊学习，16 岁搬到邻近的维琴察定居。他的大部分作品都集中在这座不大的城市里，这座城市因他而举世闻名。

位于维琴察市中心的拉吉奥宫（法理宫“Palazzo della Ragione”）建造于15世纪，是维琴察市政、议会和法庭所在地。由于建成之后不多久就局部坍塌，维琴察市政当局一直想要对其进行改造。桑索维诺、塞利奥和罗马诺都曾经为其作过设计方案，但最终市政当局选择了当时才刚出道不久的帕拉第奥。从1549年开始，帕拉第奥不断打磨设计方案，数易其稿，最终将其打造成为一座杰出的宫殿建筑，就像古代罗马城市里的巴西利卡一样。他说：“我深信，不管

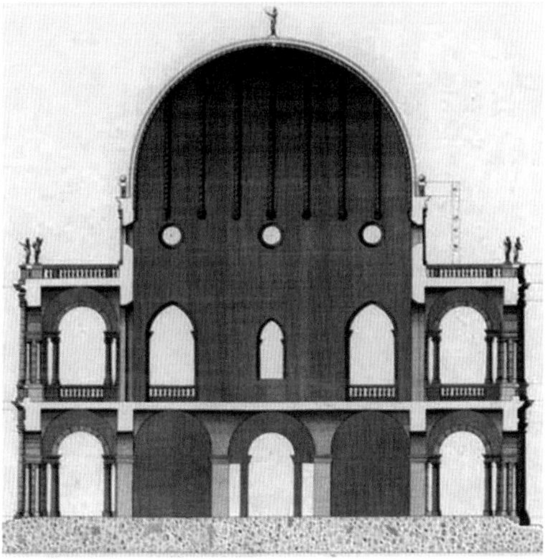

维琴察的帕拉第奥巴西利卡（拉吉奥宫）剖面图（O. B. Scamozzi 根据帕拉第奥的设计绘于1776年）

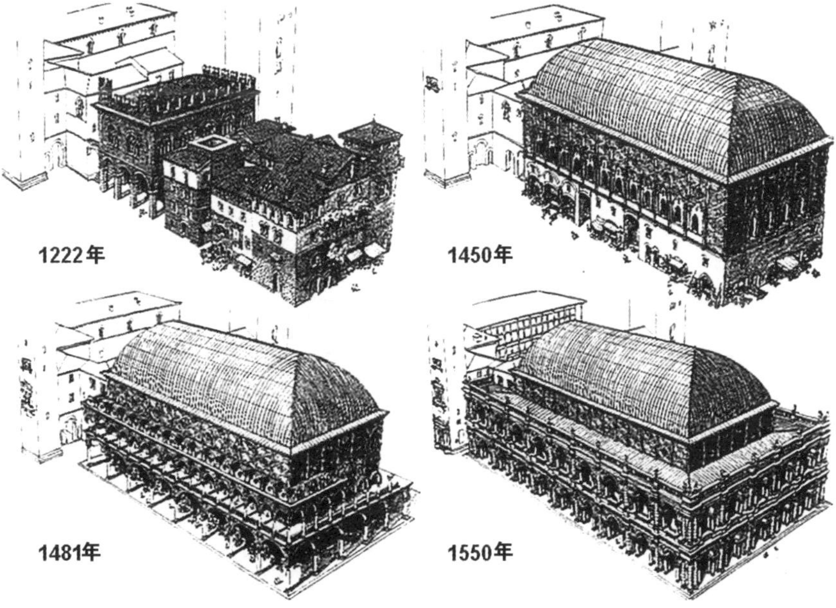

维琴察的帕拉第奥巴西利卡（拉吉奥宫）历史演变图（F. Corni 绘制）

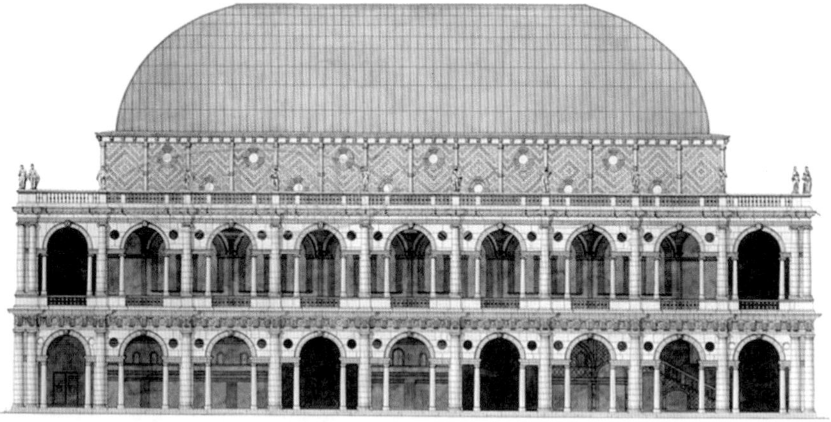

维琴察的帕拉第奥巴西利卡（拉吉奥宫）立面图（G. Giaconi 绘制）

是就规模或装饰而言，抑或是就材料而言，这座巴西利卡堪比古代杰作，完全可以跻身于古往今来最伟大、最美的建筑之列。”[25]205

现今，这座被人称为帕拉第奥巴西利卡（Basilica Palladiana）的建筑内部为上下两层，底层为商店，二层为大厅，内部仍然保持15世纪的面貌。帕拉第奥的工作主要是为其增加两层环廊。他借鉴了桑索维诺在威尼斯圣马可图书馆的开间设计（最早采用这种开间设计方式的文艺复兴建筑家是伯拉孟特），将其宽度加大以适应旧宫殿的开间比例，大柱子向外突出，增加小柱子与墙壁的距离，在小柱子的横梁上方还开了小圆窗。如此这般

维琴察的帕拉第奥巴西利卡（拉吉奥宫）西北侧外观（摄影：A. Beckwith）

处理，通过一系列方圆对比、大尺度和小尺度对比以及虚实对比，就使整个开间和立面构图既充满变化又有条不紊。他的这个改进是如此的精妙，以至于后人竟把这种窗子做法以“帕拉第奥母题”（Palladian Motif）命名，广为流传。

维琴察的帕拉第奥巴西利卡（拉吉奥宫）二层走廊内景

8-4 威尼斯的圣乔治·马焦雷教堂和救世主教堂

1570年，帕拉第奥继桑索维诺之后被聘任为威尼斯共和国首席建筑师（Proto della Serenissima）。他为这座城市设计了两座教堂：圣乔治·马焦雷教堂（San Giorgio Maggiore）和救世主教堂（Il Redentore），树立了教堂设计的新风尚。

威尼斯圣乔治·马焦雷教堂远眺

圣乔治·马焦雷教堂外观（摄影：J.Luiz）

如何更好地将古代神庙的高贵形式与巴西利卡式教堂立面设计相结合一直是文艺复兴建筑家们的研究目标。阿尔伯蒂曾经尝试将神庙门廊与凯旋门组合以解决巴西利卡中厅与侧廊的高差给正立面带来的造型难题。后来伯拉孟特和佩鲁齐也各自进行了不同的探索。现在帕拉第奥决心以更加直接的方式来面对这个问题。他注意到古人曾经在罗马万神庙的立面设计中采用过双重山墙造型，于是将这种方式改造之后用在了圣乔治·马焦雷教堂立面设计中：位于中央的是比例稍显瘦长的四柱式神庙，其高度和宽度都与中厅相吻合；而在稍矮一些的位置放置了一座六柱式神庙，其宽度和高度恰好对应内部侧廊。这样一种组合方式就将教堂立面与神庙立面更加纯粹和完美地统一在一起，后被广为效法。

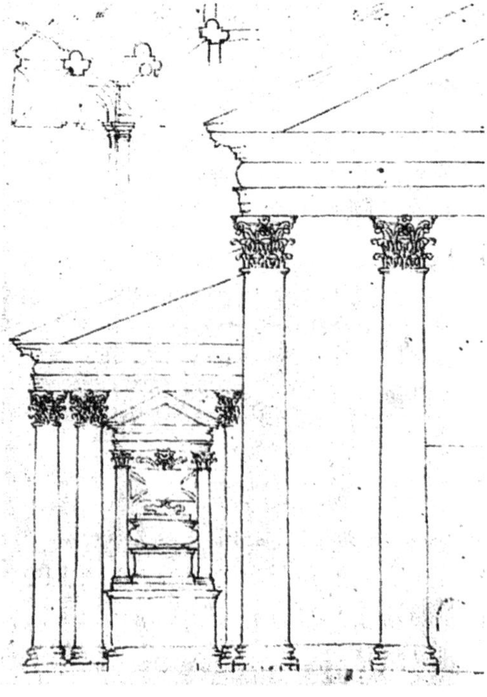

帕拉第奥绘制的圣乔治·马焦雷教堂设计草图，中央神庙的大柱子本是直接落地的

按照帕拉第奥的原始设计[11]94-95，中央神庙的大柱子本是直接落地的，与两侧小柱子柱脚处在同一标高。

他喜爱这种做法，不仅因为这更符合古代神庙原型，而且因为柱子较高，更显“宏伟壮观”。[25]225 但是在他去世30年后才最终完成的立面中，或许是后来者觉得中央神庙比例过于瘦削，于是就缩短其柱身，并在柱脚下加上了高大的基座。但这样就破坏了两座神庙柱廊之间的位置关系，显得不够统一了。

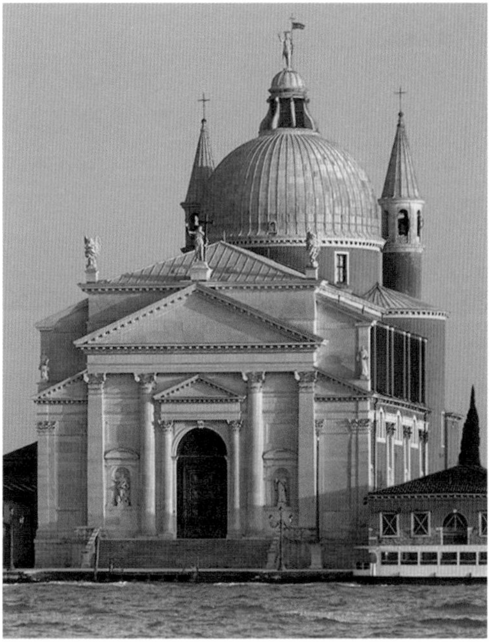

救世主教堂外观

帕拉第奥自己可能也感受到了这个矛盾，于是在稍晚一些建造的救世主教堂中采取了新的做法。他降低中央神庙高度，使之更加符合传统的比例关系。为了补偿由此造成的高度差，他仿效古罗马万神庙的做法，在中央神庙后面增加了一个阁楼层作为背景，并将中厅屋顶向前做了一个斜坡，形成类似维特鲁威所说的龟背式屋顶（Testudinatum）[17]109。与圣乔治·马焦雷教堂相比，经过改进的救世主教堂立面设计要显得更加协调。与罗马的耶稣会教堂立面一样，帕拉第奥也取消了位于低矮神庙两侧的壁龛，而在中央入口上面又增加了一个小山花，以使教堂入口的向心力得到增强。

这座神庙的平面布局也很不一般。传统巴西利卡式教堂的设计者将平面形状与耶稣受难的十字架联系在一起，所以都会将中厅、横厅以及歌坛视为整体加以对待。但是这种既有象征性又非常实用的形状却不被偏爱集中式平面的意大利文艺复兴建筑家们所喜爱。我们前面已经看到在罗马新圣彼得大教堂设计中两种观念的冲突碰撞。帕拉第奥不准备调和这两种观念。他所采取的做法是先将它们截然分开，然后再联合在一起。他将中厅与穹顶空间的连接部位收窄，赋予它与中厅入口方向完全相同的做法，并

救世主教堂平面图

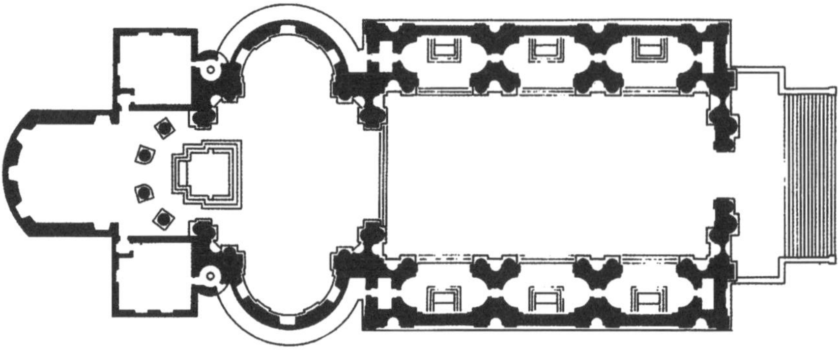

且在标高上与穹顶所在空间区分开来。这样一来，中厅就被前后完整地“闭合”起来形成一个独立的单元。在穹顶部分，帕拉第奥采用“希腊十字”布局，横厅两端都做成半圆形，在连接部位都用与中厅相同的“隔断”方式予以分隔。在通往祭司专用空间的后部，帕拉第奥创造性地设计了半圆形柱列，其位置与横厅半圆形墙上的壁柱对应。通过这样一种似隔非隔的处理手法，既可以将前、中、后整个空间联系成为一个组合体，同时又赋予主穹顶空间以庄严的氛围，后也广为流行。

救世主教堂内景，从中厅向圣坛方向看

8—5

维琴察的奥林匹克剧场

帕拉第奥一生中的最后一件作品是维琴察的奥林匹克剧场（Teatro Olimpico），在他去世的那一年开工，而后由温琴佐·斯卡莫齐（Vincenzo Scamozzi，1548—1616）㊀加以完成。受基地限制，它的观众席被处理成椭圆形，后面也如古代露天剧场一般环以柱廊。它的舞台布景设计很有意思。主立面上一共有三个门洞，左右侧面还各

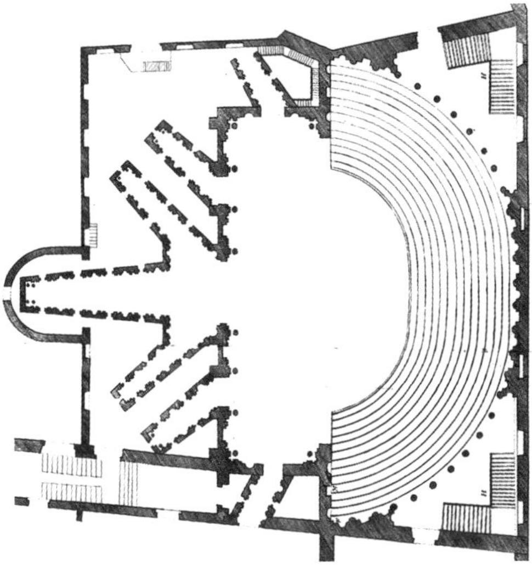

维琴察的奥林匹克剧场平面图

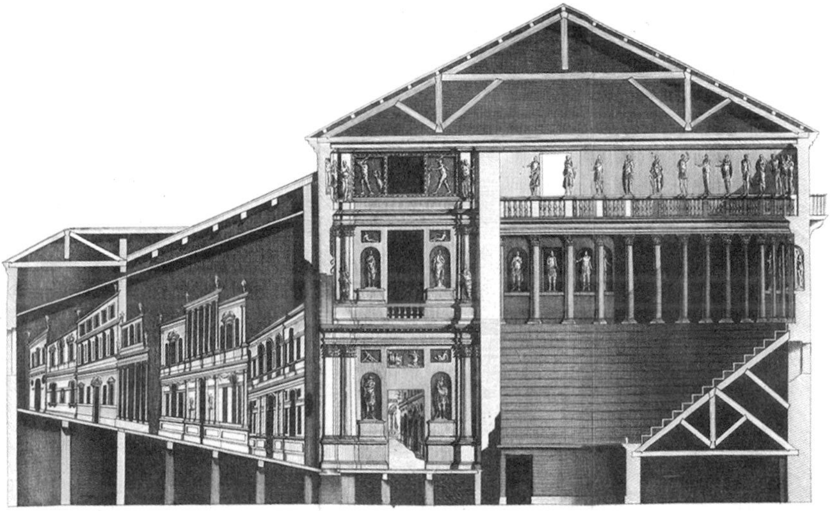

维琴察的奥林匹克剧场剖面图

㊀ 斯卡莫齐还建成了帕拉第奥留下的许多未完成作品，前述维琴察的波尔图府邸和威尼斯圣乔治·马焦雷教堂的最终立面都是由他修改完成的。

维琴察的奥林匹克剧场舞台正面

有一个。中央门洞内设三条“街道”，其余门洞内各设一条。所有这些“街道”都被处理成近大远小的形式，“街道立面”也进行缩短变形，利用透视原理造成远远超出实际尺寸的深度空间错觉，使观众产生身临其境的真实感。

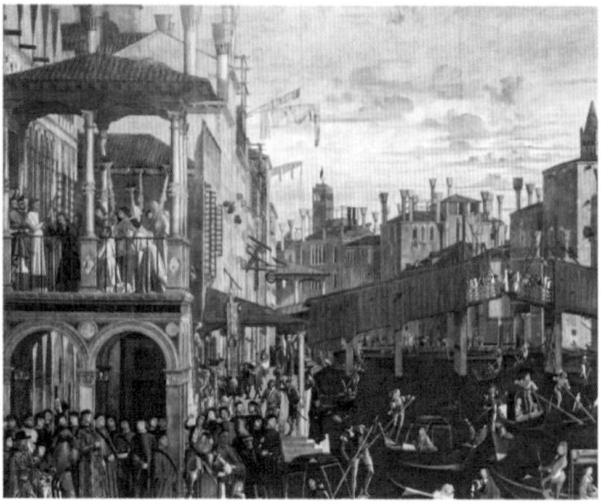

旧里亚托桥（V. Carpaccio 绘于 1496 年）

8-6 威尼斯的里亚托桥

1524 年，威尼斯大运河上木质的旧里亚托桥（Ponte di Rialto）倒塌。桑索维诺、维尼奥拉和米开朗基罗都曾经为这座桥的重建出谋划策，帕拉第奥也提出了设计方案。但是这些方案都不符合威尼斯当局的期盼。当局希望新桥能够尽量避免对河上的船只通行造成妨碍。由于各种原因的延误，最终在 1591 年由建筑师安东尼奥·达·蓬特（Antonio da Ponte，1512—1595）完成了这个项目。他采用单拱结构，跨度 28 米，拱底高 7.5 米，桥面两侧按照当时的惯例（比如前述佛罗伦萨“老桥”）布置商铺。

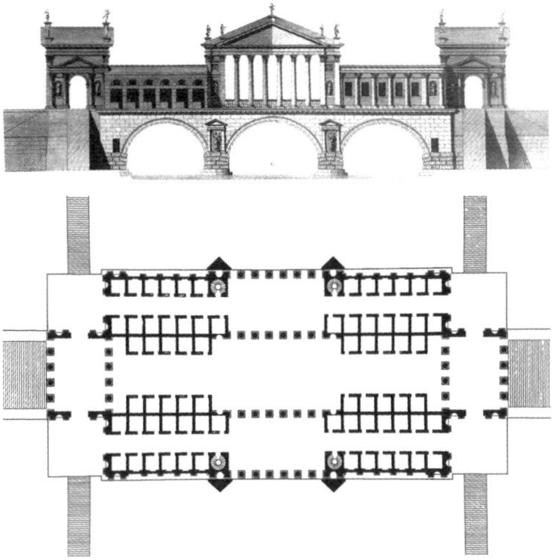

帕拉第奥的里亚托桥设计方案

里亚托桥

第九章

意大利文艺复兴园林

『这儿的景色是否还是那样迷人？』

9-1 从古罗马到文艺复兴园林

早在古罗马时代，意大利人就十分热衷园林艺术。许多讲究的人家都会在自己的住宅内部布置一座小花园，其间点缀雕像和喷泉。有些甚至在房间的墙壁上也画上园林景象，仿佛睡梦里也要沉浸在鸟语花香之中。有条件的人家更是竞相选择郊区山清水秀的好地方建造花园别墅，在好好享受自然美景的同时，也可以

位于赫库兰尼姆的古罗马住宅庭园遗址（摄影：B. Weibel）

安静地阅读、思考和写作。古罗马学者小普林尼（Pliny the Younger，约61—约113）在给友人的书信中曾经这样询问道：“那令人心醉的别墅成什么样子了？门廊里终年涌流的泉水是否依旧？浓荫的悬铃木小径、晶莹剔透的水渠、鲜花满地的水岸，这儿的景色是否还是那样迷人？”[31]132

在罗马帝国灭亡以后的中世纪，园林艺术在大庄园和修道院里得到一定程度的保留。许多修道院都设有柱廊环绕的庭园，既可以为修道士们提供一个静思冥想的去处，同时花园里种植的蔬菜、水果和药用植物也能作为他们日常生活提供保障，而且从事园艺劳动本身也被视为是虔诚修行的一种形式。

15世纪出版的《健康全书》（Tacuinum sanitatis）描绘的中世纪庄园

文艺复兴开始后，以阿尔伯蒂为代表的学者们在对古代典籍的探索中重新找回了对园林艺术的热爱。阿尔伯蒂特别推崇城市近郊的别墅式生活，因为在这样的地方既可以享受乡村“清洁与纯净的空气”，又不会妨碍处理“城里的生意往来”。在别墅的选址方面，他主张应该建造在那些能够俯瞰城镇或者自然美景的地方，这样的话，只要在自家的花园里就可欣赏周围的美景。[18]283 在他以及其他具有相同思想的人文主义学者的鼓吹和带动下，一大批优秀的园林作品涌现出来，将意大利造园艺术推向高峰。

9-2 菲耶索莱的美第奇别墅园

菲耶索莱的美第奇别墅园

菲耶索莱的美第奇别墅园第二层观景平台

位于佛罗伦萨北郊的小镇菲耶索莱（Fiesole）古罗马时代就已有之，其历史比佛罗伦萨更为悠久。因为地处小山之上可以俯瞰佛罗伦萨，因此在文艺复兴时期就成为佛罗伦萨上流社会的度假胜地。1451 年，科西莫·德·美第奇的儿子乔万尼（Giovanni di Cosimo de' Medici，1421—1463）委托米开罗佐在这里的一处山坡上修建别墅。其花园由两级平台构成（后来又在下方增建了第三级平台），其中较高的平台直接与客厅相连，置身之中可以远眺城市美景。科西莫对儿子的这个选址很不以为然，批评他只是为了欣赏风景而耗费巨资，可乔万尼却辩称这正是园林艺术的精髓所在。[32] 实情也确实如此。这座园林开创了意大利文艺复兴园林（Italian Renaissance Garden）的新纪元。

9-3 皮恩扎的皮克罗米尼宫花园

意大利造园艺术的第一要点就是“推敲一块好地方”，正如阿尔伯蒂说的，“那儿不可没有赏心悦目的景致、鲜花盛开的草地、开阔的田野、浓密的丛林和澄澈清亮的溪流”，你可以在这里欣赏“晴朗明亮的天气、森林密布的小山和阳光灿烂的平野，倾听泉水和溪流的低语。”[33]44-45 前文介绍的皮恩扎广场旁的教皇庇护二世居所皮克罗米尼宫花园就是这样的一块好地方。它建造在宫殿建筑后方，其下就是山坡。从花园里极目远眺，田园山色尽收眼底，令人心旷神怡。

皮恩扎的皮克罗米尼宫花园

从皮克罗米尼宫向花园方向远眺

9-4 梵蒂冈的贝尔维德雷庭院

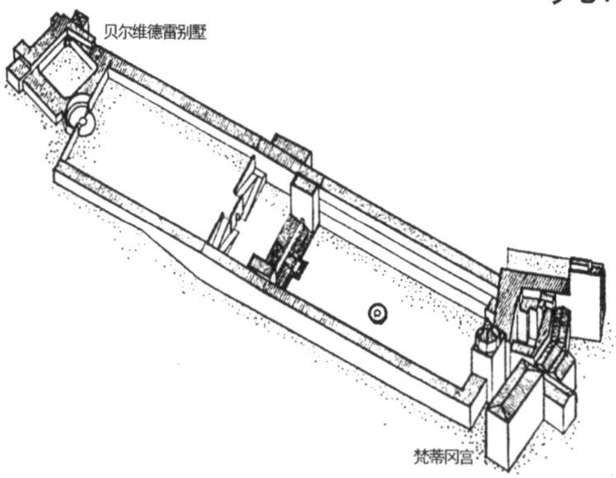

梵蒂冈的贝尔维德雷庭院轴测图

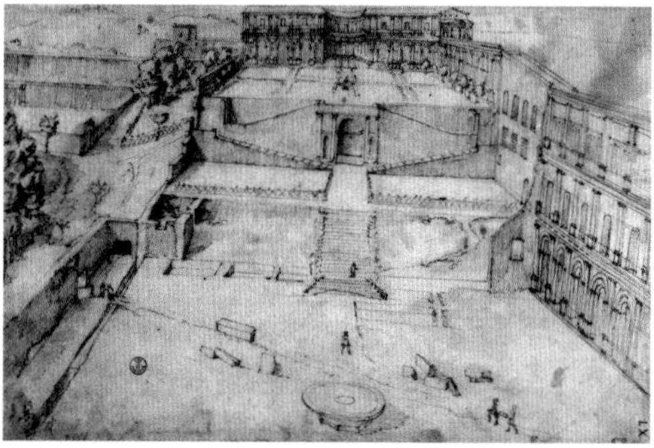
贝尔维德雷庭院，远端为贝尔维德雷别墅（G. A. Dosio 绘于 1560 年前后）

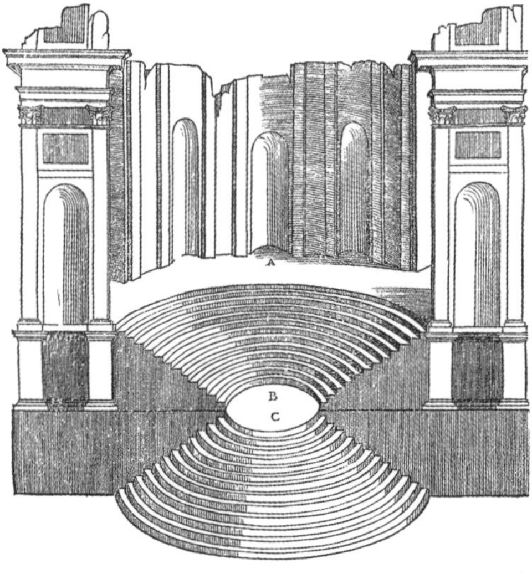

伯拉孟特设计的贝尔维德雷别墅前方的圆形阶梯方案（塞利奥绘制）

在菲耶索莱的美第奇别墅园中，两层平台之间并没有建立直接的联系。首次在园林景观中建立这种联系的是伯拉孟特。1504 年，他受教皇尤利乌斯二世的委托，在梵蒂冈宫与邻近的贝尔维德雷别墅（Villa Belvedere，或译望景楼）之间建造庭院予以联络。贝尔维德雷别墅建于 1484 年，位于梵蒂冈宫北侧的一座小山上。伯拉孟特以罗马郊区帕莱斯特里纳（Palestrina）的古罗马幸运女神福尔图娜圣所（Sanctuary of Fortuna Primigenia）为样板，将贝尔维德雷别墅与梵蒂冈宫之间的高差转化为三层大平台，然后以一组精心设计的阶梯予以联系，营造了壮丽的空间氛围。虽然这座“观景中庭”（Cortile del Belvedere）不久之后就因为在中间建造图书馆而遭到破坏，但是这种做法却很快传播开来，成为意大利园林设计的新潮流。

9-5 罗马的玛达玛别墅园

伯拉孟特造园思想的第一位继承者是拉斐尔。1518 年，他受教皇利奥十世的堂弟红衣主教朱利奥·德·美第奇的要求在罗马城北设计建造玛达玛别墅园（Villa Madama），小桑加罗、佩鲁齐和罗马诺都曾经作为拉斐尔的助手参与这项工程，堪称是史上最豪华的一支设计团队。这座别墅位于一座小山坡上，坐西朝东，正对着台伯河。按照拉斐尔的构想，别墅的中央是一个圆形庭院；后方沿着山坡布置一座古典式样的半圆形露天剧场；南北两侧是多级平台的露天花园，其中从南面的花园可以眺望罗马城；东面主轴线上有精心设计的多折阶梯通向下方台伯河边的体育场，整体气势蔚为壮观。

朱利奥·德·美第奇于利奥十世去世两年后当选为教皇，称为克莱门特七世。在他任上 1527 年发生“罗马浩劫”，当时这座别墅只来得及建成圆形庭院的北侧部分就停工了。后来它由一般被认为是克莱门特七世

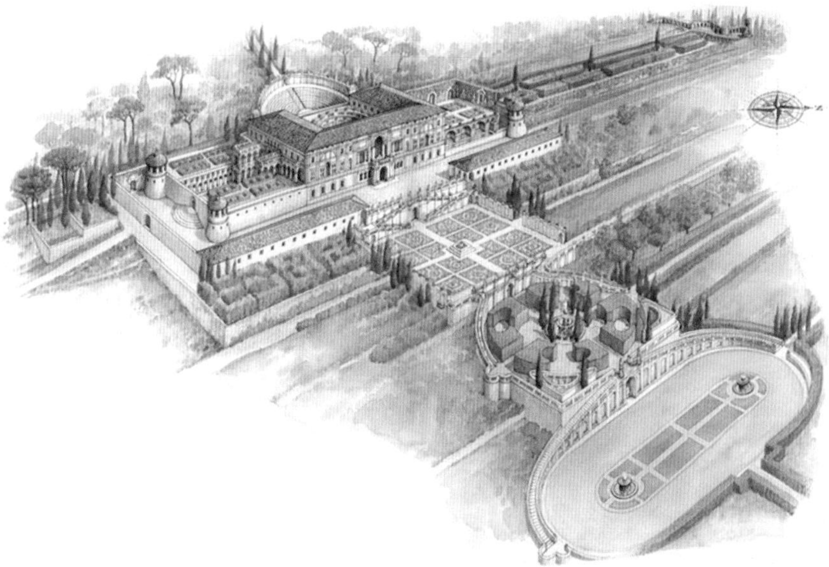

玛达玛别墅园复原想象图（L. Mirandola 绘制）

私生子的亚历山德罗（Alessandro de' Medici，1510—1537）继承。亚历山德罗去世后，别墅由他的妻子奥地利的玛格丽特（Margherita d'Austria，1522—1586）继续居住，并由此得名（“Madama”的意思是“夫人”）。德国园林史家玛丽-路易斯·戈登（Marie-Luise Gothein）评价说：“倘若命运让该建筑继续前行，现在展现在我们面前的将会是文艺复兴时期如同瑰宝般无与伦比的存在，然而命运的变化却使得如今只剩下残垣断瓦。”[31]217

9-6 佛罗伦萨的皮蒂宫和波波里花园

利奥十世的父亲是被同时代人称誉为“伟大的洛伦佐”（Lorenzo il Magnifico）的洛伦佐·德·美第奇。在他去世后不久，“意大利战争”爆发，美第奇家族一度被逐出佛罗伦萨。1512 年，当时还是红衣主教的利奥十世在西班牙军队的帮助下重新夺回佛罗伦萨。1532 年，克莱门特七世任命亚历山德罗为佛罗伦萨公爵（Duke of Florence），从而结束了已经持续 400 多年的佛罗伦萨共和国。1537 年，亚历山德罗被暗杀，由于他的儿子年幼，而老科西莫·德·美第奇这一支已经没有了其他直系后代，于是美第奇家族的统治权就转到了老科西莫的弟弟老洛伦佐（Lorenzo the Elder，1395—1440）这一支上。他的玄孙科西莫一世·德·美第奇（Cosimo Ⅰ de' Medici，1519—1574，他的母亲是“伟大”洛伦佐的外孙女）成为新的佛罗伦萨公爵，后世称其为科西莫一世。1569 年，科西莫一世被教皇册封为托斯卡纳大公（Grand Duchy of Tuscany）。他的后代统治佛罗伦萨直到 1737 年。

科西莫一世画像（A. Bronzino 绘于 1544 年）

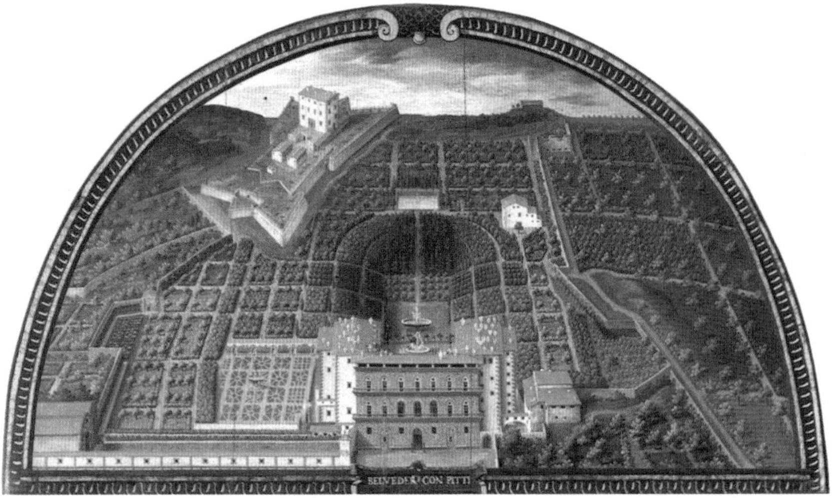

Giusto Utens 绘于 1599 年的皮蒂宫，展示了皮蒂宫横向扩建前的样子，画面后方是波波里花园当时的景象

1549 年，科西莫一世的妻子托莱多的埃莉诺（Eleanor of Toledo，1522—1562）从皮蒂家族手中购得位于阿诺河南岸的皮蒂府邸（Palazzo Pitti）。这座府邸原建于 1458 年，据说是参考了布鲁内莱斯基被老科西莫否决的美第奇府邸的设计方案而建造的。成为美第奇家族的主要居所之后，这座建筑的规模被逐渐扩大，从最初的中央 7 个开间逐渐扩大到 23 个开间，成为足以与大公头衔相匹配的佛罗伦萨最壮观的宫殿建筑。

在皮蒂宫后方可以俯瞰全城的山坡，建筑师尼科洛·特里波洛（Niccolò Tribolo，1500—1550）规划了一座大花园，名为波波里花园（Boboli Gardens）。特里波洛此前刚刚为科西莫一世建造了位于佛罗伦萨北郊的卡斯蒂罗别墅园（Villa di Castello），

从皮蒂宫望向波波里花园。花园地势较高，其第一层平台相当于皮蒂宫第二层楼面的高度

从波波里花园主轴线的尽端望向皮蒂宫，视线可以越过皮蒂宫眺望佛罗伦萨，充分展现意大利文艺复兴园林的选址特点。17世纪以后，这座花园又增加了新的轴线，扩大了规模

他将其中的一些造园手法搬到这里。在他去世后，巴尔托罗梅奥·阿曼纳蒂（Bartolomeo Ammannati，1511—1592）接手了这项工作，瓦萨里也曾参与其中。这座花园在追求景观最大化的基础上，吸纳了伯拉孟特和拉斐尔的经验，通过一条逐级抬升的主轴线来组织对称构图，用以象征在科西莫一世领导下和平、和谐、有序和繁荣的新生活；同时在园中大量使用古代英雄和神话人物的雕像或雕塑喷泉作为主要节点，借此将古罗马时代的美德与佛罗伦萨新统治者的力量联系在一起。这些新颖的造园手法开启了意大利花园追求宏伟、壮丽的新阶段，并在随后经由两位美第奇家族出身的王后传到法国，深刻影响了法国古典主义园林的发展。

9—7 蒂沃里的埃斯特别墅园

意大利文艺复兴园林中保存最好也最负盛名的当属蒂沃里（Tivoli）的埃斯特别墅园（Villa d'Este）。蒂沃里位于罗马东面大约30公里，景色优美，水源丰富，从古罗马时代就吸引了许多贵族在这里修建别墅，其中最有名的当属哈德良皇帝（Hadrian，117—138 年在位）。1550 年，红衣主教伊波利托二世 · 德 · 埃斯特（Ippolito Ⅱ d'Este，1509—1572）委托建筑家皮尔罗 · 利戈里奥（Pirro Ligorio，1510—1583）为其修建别墅花园。

这座花园位于蒂沃里城区的西南一侧，一道缓缓下降的山坡一直延伸向远方的罗马城，视野极为开阔，完全符合意大利造园选址的基本条件。别墅主体位于花园东南侧的小山上，过去曾经是修道院的用地。别墅与花园间存在着 45 米以上的高差，花园与东北面的城区之间也有很大的高差，这就为利戈里奥打造一座以喷泉为主要景观的花园创造了最有利的条件。在那个年代，要想营造出能够高高喷涌的水柱，基本的前提就是要有地势更高的蓄水池，而在这座花园中，一共有超过 50 座喷泉、数百个泉眼。

花园有一道由别墅主体建筑中央向西北方向伸展出去的纵轴，沿着这条轴线布置着层层跌落的平台、交错设计的阶梯以及多座大型喷泉，其中最壮观的是一座名为“龙之泉”（Fontana dei Draghi）的大型喷泉，取意自希腊神话中看守金苹果的百头巨龙，不过在建造的过程中，为了迎接教皇格列高利十三世（Pope Gregory XIII，1572—1585 年在位）的到访，利戈

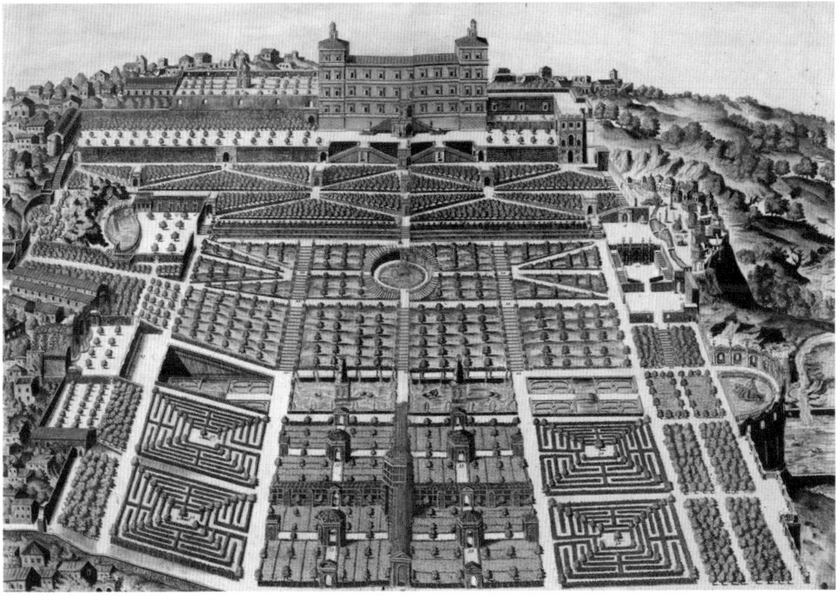

埃斯特别墅园，画面左侧为蒂沃里城区（E. Dupérac 绘于 1570 年前后）

龙之泉。背景为埃斯特别墅

百泉之路（摄影：V. Mucibabic）

里奥临时改用象征格列高利家族的四条巨龙代替百头龙。四条龙背靠背，依靠蓄水池落差所形成的自然压力以及精妙的水管设计，向上喷出高达十多米的强劲水柱，同时在水管内部暗藏机关，通过水流带动，发出一连串的枪炮爆破声，犹如天神朱庇特（即希腊神话中的宙斯）的霹雳，蔚为壮观。

不过这条轴线并不是这座花园唯一重要的轴线，从东北小镇方向向西南延伸的两道横轴线更为引人瞩目，全园的水景精华大都集中在这两道轴线上。靠近别墅建筑的第一道横轴，其主体是一段全长大约 130 米的“百泉之路”（Vialedelk Cento Fontane），近 300 个喷泉分成三级水槽跌落，象征为罗马供水的古罗马输水道。波光粼粼、水声潺潺，行走其间令人流连忘返。

位于第二道横轴东端的“水风琴”（Fontana dell'Organo）是全园最令人赞叹称奇的景观。所谓“水风琴”，是利用水压装置将密闭管道中的空气压入风琴管使之发声，同时喷射的水流还带动齿轮装置敲击琴键，从而发出动人的音乐声。类似这种装置最早是由古希腊人在前3世纪发明的，以后慢慢经由阿拉伯人和拜占庭人传入西欧。法国工程师卢克·勒克莱尔（Luc Leclerc）和他的侄子克劳德·韦纳德（Claude Venard）在埃斯特别墅园重启这项古老技术之后，引起轰动而广为效仿。位于其下方的“海神喷泉”（Fontana di Nettuno）原本是由贝尼尼设计的，后来因为疏于管理而毁坏，以后在20世纪30年代予以重新创作。

远处上方为水风琴，中景为海神喷泉，前景为鱼池（摄影：P.Allen）

以海神喷泉和三座鱼池为界，埃斯特别墅园的花园被分为上下两部分。与其他意大利文艺复兴花园一样，埃斯特别墅园里主要种植药用植物和蔬

从别墅前的平台俯瞰花园（摄影：M. Rubino）

从水风琴向鱼池方向远眺（摄影：M. Rubino）

菜，原本是完全开敞的，后来才被种上高大的树木。花园都采用规则和轴线对称的几何构图，不仅是水池和道路，就连花草树木都被修剪组织得整整齐齐，这与我们十分熟悉的中国古典园林几乎有天壤之别。陈志华教授认为，这首先是因为“意大利人并不需要欣赏园林里的小自然，而是要从园林欣赏四外更为广阔的大自然。”他们所追求的美是在于整体构图的明晰和比例的协调，这跟他们在建筑上的追求是一样的。另一方面，与中国古代封建士大夫阶层往往将“归隐田园”作为“政治失意”的退路因而具有抒情的格调不同，意大利的贵族们在自己的领地内都是实实在在的当权派，他们在园林里所烙印上的是当权时的“骄奢淫逸”和“颐指气使”，他们把园林当作是与建筑一样“维护和炫耀自己尊严”的场所[33]6-9。这番评价是很生动的，园林也好，建筑也罢，都不仅仅是单纯的艺术品，更是社会发展和价值观的折射。

9-8
巴尼亚亚的兰特别墅园

1566年由红衣主教吉安法兰西斯科·甘巴拉（Gianfrancesco Gambara）委托维尼奥拉设计的巴尼亚亚（Bagnaia）的兰特别墅园（Villa Lante，以建园百年之后新主人的名字命名）也是一座以水景表现见长的意大利文艺复兴名园，建造在小镇南面的一座小山坡上，从花园中可以俯瞰全城。这座花园有一条明显的中轴线，从两座左右并列一模一样的主体建筑当中穿过。沿着这条中轴线，由工程师托马索·吉努奇（Tommaso Ghinucci）监造的水景以各种方式展现：从洞窟中冒出，在瀑布上落下，忽而顺着水链（Catena d'acqua）一路奔腾，忽而攀上餐桌，在凹槽内葡萄酒杯边轻轻流淌。然后到水剧院中尽情高歌，最后则平静地归入“大海”。

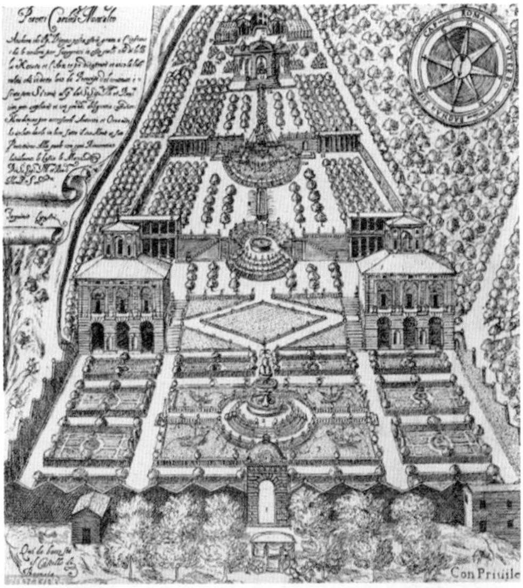

兰特别墅园全景图（T. Ligustri 绘于1596年）

兰特别墅园中的水链

9-9

帕多瓦植物园

1543年，帕多瓦大学（University of Padua，创办于1222年之前）委托建筑师丹尼尔·巴巴罗（Daniele Barbaro，1514—1570）建造帕多瓦植物园（Orto botanico di Padova）。这个时间比科西莫一世创办比萨植物园（Orto botanico di Pisa）恰好早了一年时间，成为世界上第一所专业用于学术研究的植物园。这座植物园平面外圆内方，构图及装饰细节都与这个时期的别墅园十分相似。

帕多瓦植物园，背景为帕多瓦大教堂（画作出版于1842年）

第二部

意大利巴洛克

第十章 马代尔诺

『它传达出来的不是当下的幸福状态，而是一种期待的情感。』

10-1 巴洛克

手法主义继续发展就进入“巴洛克”（Baroque）时代。关于这个单词的起源有两种说法，一种说法认为来自逻辑学术语“Baroco”，暗指“荒谬的”或“可笑的”；另一种说法认为来自葡萄牙语“barroco”，“畸形的珍珠”。不论哪种解释，听起来都不像是一种赞美。19世纪法国新古典主义盛行的时候，法国人用这个词来贬低之前从意大利兴起的那种被认为是无节制和高度装饰的建筑和艺术形式。当然，时过境迁，就像意大利人给法国建筑所起的“哥特”这个词早已失去贬义用法一样，法国人给意大利建筑所取的“巴洛克”也早已成为一个时代的象征，受到许多人的欢迎。

凡事持续太久都会令人生厌，即使完美持续太久也是如此。自从米开朗基罗在佛罗伦萨的劳仑齐阿纳图书馆和罗马的卡比托利欧广场中向古典规则、理性和秩序发起挑战——米开朗基罗因此荣获“巴洛克之父”的头

罗马风景画廊（绘画：G. P. Pannini）

衔——之后，新一代的建筑师们继承了前辈们富于创造力和勇于进取的精神并加以发扬光大。他们打破了在规则、秩序、基本几何关系和稳定性等方面的传统理念的束缚，事实上，这些传统理念也都是前人创新的成果。他们中的代表人物贝尼尼宣称："一个不偶尔破坏规则的人，就永远不能超越它。"另一位大建筑师瓜里尼则说："建筑学可以修正古代希腊和罗马的法则，并发明出新的法则。"[16]72-73"他们完全从对古典主义者的俯首听命中解脱出来，去接受大胆、幻想、变化、对形式方面的条条框框的排斥和舞台效果的变化无穷，接受不对称性和混乱，接受建筑艺术、雕刻艺术、绘画艺术、园林艺术以及水景等的交织配合"，[12]77从而创造出一个伟大的虽然在许多方面也存在争议的历史时期。

这一时期意大利的政治形势也发生了变化。人文主义思想抬头和宗教改革运动都促使罗马天主教会努力加强对仍然信奉罗马天主教地区的控制。在这种形势下，巴洛克艺术的出现恰好适应了天主教会的需求，使罗马再次成为楷模。正如贝尼尼所说："艺术的力量可以使教皇、王子及所有民族的人民由衷地拜倒在地"，巴洛克艺术那种"一反文艺复兴阳春白雪"性格的具有强烈激情动荡而壮观的空间造型，向人们传达了这样一种信息：“权力属于我，人们必须崇拜我、畏惧我、尊重我”，从而有力地激发信徒的虔诚与奉献精神，达到为天主教信仰和教皇权威服务的目的。

10-2 马代尔诺与罗马新圣彼得大教堂

马代尔诺画像

卡洛·马代尔诺（Carlo Maderno，1556—1629）是最早迈向巴洛克阶段的建筑家，也是最受争议和批判的人物。1607 年，他受教皇保罗五世（Pope Paul V，1605—1621 年在位）的委托对已基本完工的圣彼得大教堂进行改造。由波尔塔和丰塔那遵照米开朗基罗的意图完成的圣彼得大教堂是一件寄托了文艺复兴理想的杰作，但是它的缺陷从一开始就很明显，那就是未曾考虑——或者说是有意忽视——使用的问题。对它的批评之声始终不断。我们已经看到了从拉斐尔修改伯拉孟特方案开始的多次反复，即使是由米开朗基罗这样的伟人最终完成了的理想主义的集中式方案，也不能丝毫阻挡批判的声浪。人们抨击它“不是按照教会的原则建造的，因此不适合高雅而便利地举行任何神圣功能的庆典。”[34]62

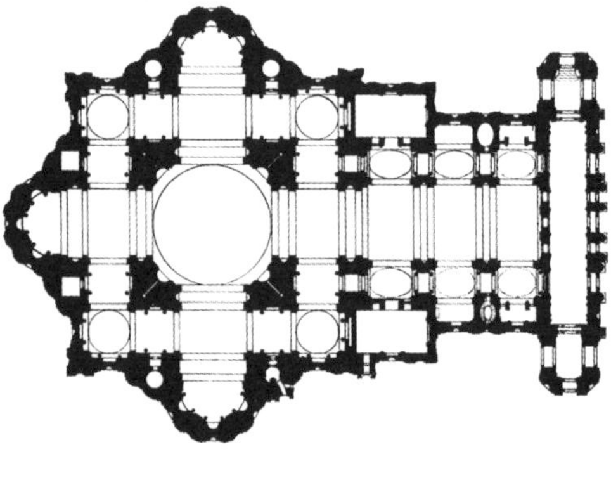

马代尔诺修改后的罗马圣彼得大教堂平面图

在反宗教改革运动影响下，保罗五世做出决定，教堂的使用必须要能满足天主教队列仪式，必须要能容纳不少于从前人数的信徒。马代尔诺拆除了由米开朗基罗设计的正立面，参考维尼奥拉设计耶稣会教堂的成功做法，在入口方向增加了一段

圣彼得大教堂内部（绘画：G.P.Pannini）

大约 60 米长的巴西利卡式大厅。这段新加的大厅重新恢复了中厅作为教堂空间积极参与者的角色，使得从伯拉孟特开始不断反复的“集中式与巴西利卡式之争”就此画上句号。马代尔诺还在大厅之前以米开朗基罗设计的圣洛伦佐教堂的立面方案为样本建造了一座高 51 米的宏大门廊。它一反意大利传统，完全无视内部大厅的构造特征，确立了巴洛克时期独立式教堂大门的新形象。

罗马圣彼得大教堂正立面，大约在距离正立面 200 米处拍摄，穹顶几乎看不出来

罗马圣彼得大教堂，大约在距离正立面900米处拍摄，只有在这么远的距离上，穹顶才能够被完整看到

但也正是这段大厅和这座巨大门廊使马代尔诺蒙受了历代建筑史学家严厉的口诛笔伐，因为不论在内在外，人们瞻仰那个伟大大穹顶的视线都由于他的大厅和门廊而受到“无情”的阻挡。法国大画家亨利·马蒂斯（Henri Matisse，1869—1954）认为它看起来就像个火车站。法国大建筑家勒·柯布西耶（Le Corbusier，1887—1965）更是在文章中痛心疾首地写道：“米开朗基罗用石头造这样一个穹顶，是一件了不起的壮举。……这方案总体统一，它把各种最美的、最丰富的元素组织在一起，……整个是单体地、集中地、完整地屹立起来。眼睛一下子就把它抓住。米开朗基罗完成了圣坛和穹顶的鼓座。后来其余部分落到野蛮人的手里，一切都毁了。人类失去了智慧的伟大作品。……立面本身是美的，但跟穹顶没有关系。这类建筑物的真正目的是穹顶，但它被挡住了。……卑鄙无耻的人们把圣彼得大教堂杀害了，里里外外；现在的圣彼得大教堂傻得像一个腰缠万贯而厚颜放荡的红衣主教。极大的损失。痛心的失败！”[35]

10-3 罗马的圣苏珊娜教堂

在圣彼得大教堂门廊建设之前，马代尔诺就已经成名。他于1603年设计的圣苏珊娜教堂（Santa Susanna）无争议地被视为第一座完美的巴洛克建筑。我们只要将它与佛罗伦萨的新圣母玛利亚教堂和罗马的耶稣会教堂作个比较，就可以看出文艺复兴、手法主义和巴洛克风格的异同来。阿尔伯蒂设计的新圣母玛利亚教堂立面显得平静、和谐、理性，其各个组成部分既完全统一在以正方形为基准的秩序之中，又不失各自的独立性；虽然有中轴线，但这

罗马的圣苏珊娜教堂外观

左图为佛罗伦萨的新圣母玛利亚教堂，右图为罗马的耶稣会教堂

条中轴线并不强迫人们将全部注意力都投放到其中，人们可以自在地让目光四处游移。波尔塔最终完成的耶稣会教堂立面同样包含在一个正方形之中，但壁面不再平整如一，经由破坏两侧开间的完整性以及削减装饰元素等手法，使中央轴线得到加强，让人们形成一定的紧张、压迫之感。圣苏珊娜教堂在此基础上进一步发展，它不再追求作为基本几何形式的稳定和完美，而是努力在精神上打动人心。建筑立面被向中轴线大大压缩，壁面由两侧向中央逐级突出，并通过由壁柱到半柱、半柱到圆柱的变化，以及壁柱与半柱、圆柱的相互遮挡而得到进一步加强。在这个立面上，不再有独立和散乱的元素，所有的组成成分都围绕着中轴线融合渗透在一起，产生一种不同寻常的控制力，将人们的注意力紧紧抓住不放，将教堂与其前方的广场空间紧紧连接在一起。

沃尔夫林评论说："文艺复兴艺术是静穆和优美的艺术。它呈现给我们的美具有一种释放性的影响力，我们将之理解为一种普遍的幸福感和不断滋长的生命力。文艺复兴时期的创造物是完美的，它们从未显露出任何拘谨做作或激动不安。每一个形体都宛若天成，非常自由和完美。拱门是标准的半圆形，各种比例也都宏大、和谐，能够使人产生愉悦之情。每一件事物都散发着温情。我们当然不会错过进入天堂般宁静的机会，也不会错过沉浸在那个时代艺术精神的最崇高的表达机会。"相比之下，"巴洛克艺术则追求另一种不同的效果。它希冀用直接的不可抵抗的影响力来感染观者，传递给我们的不是一般的被强化了的活力，而是激动、兴奋和极端的狂热。"文艺复兴艺术对我们的影响是"潜移默化的""持久的"和"令人流连忘返"，而巴洛克艺术的影响则是"稍纵即逝的"，它的"瞬间冲击力是强有力的，但却总给人留下一丝哀伤。它传达出来的不是当下的幸福状态，而是一种期待的情感，或是某种尚未降临的东西，是缺憾和不安，而不是心满意足。"他说："观赏巴洛克艺术，我们不会感到丝毫的轻松，反而被紧张的情绪吸引过去。" 这是对巴洛克艺术特征非常精辟的概括。[27]40-41

10-4
罗马的巴贝里尼宫

罗马教皇乌尔班八世（Pope Urban Ⅷ，1623—1644年在位）的巴贝里尼宫（Palazzo Barberini）是一座杰出的意大利17世纪巴洛克宫殿建筑。马代尔诺的设计一改文艺复兴传统的堡垒式布局，将平面布置成具有开放性的H形，两翼向前伸出，似乎要去拥抱前方的广场空间。宫殿正面中央七个开间被设为入口门廊，其进深达三间之多，且面阔由外至内呈逐渐收缩之势，强化中央轴线运动趋势，营造出开放的多层次透视效果，使内外空间交相融合。

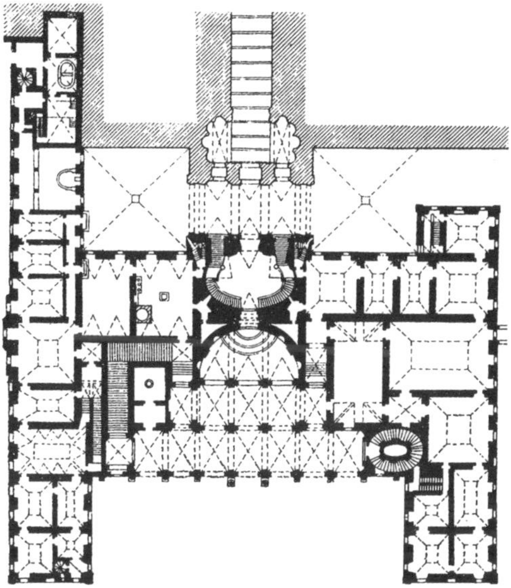
罗马的巴贝里尼宫平面图

罗马的巴贝里尼宫外观，第三层拱券采用透视法夸大进深感，这是巴洛克建筑家最爱用的手法之一

第十一章 贝尼尼

『你是为罗马而生的，罗马也为你而生。』

11-1 艺术全才

贝尼尼自画像

吉安·洛伦佐·贝尼尼（Gian Lorenzo Bernini，1598—1680）是17世纪意大利最杰出的巴洛克艺术家，是堪与达·芬奇和米开朗基罗相比肩的最后一位艺术全才。人们曾经这样形容他：“上演一出大众戏，其中布景是他画的，雕像是他雕的，机械是他发明的，音乐是他谱曲的，喜剧的剧本是他写的，就连剧院也是他建造的。”

与米开朗基罗一样，贝尼尼也是以大卫像作为一生事业的奠基石，不过两座雕像却有很大的区别。米开朗基罗的《大卫》具有超人的力量和美感，我们可以感受到人物内心的紧张，但是外表上却表现得非常平静和超然。而贝尼尼的《大卫》人物动作充满了紧张感，手中的石头似乎刹那间就将掷出，在这一刻，周围的空气似乎都要凝固住，因为劲敌歌利亚仿佛就站在前方，就站在人们的身旁，人们会情不自禁地试图躲开雕像的正前方。这尊雕像已经不再像米开朗基罗的雕像那样是一尊可以单独存在或者说自给自足的人像，它已经与周围的气氛紧密地联系在一起，正像我们在圣苏珊娜教堂与其外部空间关系中所看到的情况一样。这是贝尼尼雕塑与文艺复兴前辈们最大的差异，也是时代的差异。

贝尼尼《大卫》

位于圣苏珊娜教堂东侧的胜利之后圣母堂（Santa Maria della Vittoria）建筑主体由马代尔诺设计，立面则是由乔凡尼·巴蒂斯塔·索里亚（Giovanni Battista Soria，1581—1651）设计，与圣苏珊娜教堂风格相似。这座教堂以其内部西侧横厅尽端贝尼尼的雕塑作品《极乐忘我的圣特蕾莎》(Ecstasy of Saint Teresa）而闻名。在这里，贝尼尼将雕塑与绘画、建筑乃至整个建筑空间，甚至包括光线，都紧紧地结合

罗马的胜利之后圣母堂外观

位于胜利之后圣母堂内的《圣特蕾莎的狂喜》

在一起，以戏剧舞台般的表现形式诠释了著名的反宗教改革人士西班牙修女阿维拉的特蕾莎（Teresa of Ávila，1515—1582）的神秘幻觉。她曾描述自己被一位美丽的天使用燃烧的金枪反复刺穿胸膛，她说：“这种苦楚是如此真实，迫使我大声呻吟，然而它又是令人惊讶地甜蜜，因而我不欲被由其中救出。没有其他生命的喜悦能给予我更多的满足。当天使收回金枪，他遗留给我的是对上帝的伟大的狂热的爱。”[36]

位于河畔圣方济各教堂内的《圣者阿尔贝托娜之死》（摄影：Sailko）

位于罗马台伯河西岸的河畔圣方济各教堂（San Francesco a Ripa）内的《圣者阿尔贝托娜之死》也具有相似效果。贝尼尼巧妙地让自然光线从左上方隐蔽的窗子里射入，光线成为整件作品极为重要的组成。

11-2 贝尼尼与罗马新圣彼得大教堂

教皇乌尔班八世极为赏识贝尼尼，他对贝尼尼说："你是为罗马而生的，罗马也为你而生。"

1623 年，25 岁的贝尼尼受乌尔班八世委托开始创作圣彼得大教堂大穹顶正下方的圣彼得华盖（St. Peter's Baldachin），他用了 11 年时间来完成这件作品。这座华盖高 29 米，由四根扭曲的螺纹柱子支撑，建筑、雕塑、装饰浑然一体，整个造型充满生机和活力。这座华盖所用的青铜材料取自古罗马万神庙。据说这一主意出自巴贝里尼家族出身的乌尔班八世，由此引出意大利人的一句妙语："巴贝里（Barberi，意为野蛮人）未做之事，巴贝里尼（Barberini）做之。"

1629 年马代尔诺去世后，贝尼尼被乌尔班八世委任为圣彼得大教堂首席建筑家，承袭这一份从伯拉孟特、拉斐尔、米开朗基罗一直延续下来

圣彼得大教堂内的圣彼得华盖

贝尼尼设计的罗马新圣彼得大教堂立面方案

罗马圣彼得大教堂内的圣彼得宝座

的伟大工作。他试图为已经建成的马代尔诺的正立面加两座钟塔。第一座钟塔于1641年建成，然而不幸却随之发生，人们在教堂立面上发现了裂缝，工程不得不暂时中止。1644年乌尔班八世去世，继任教皇英诺森十世（Innocent X，1644—1655年在位）出于对乌尔班八世的敌视，将裂缝出现的原因归咎于贝尼尼，尽管日后的调查表明实际上是马代尔诺的基础设计有问题。1646年，两座钟塔都被拆除。这是贝尼尼一生遇到的最大的挫折和羞辱。

然而即使是这样，英诺森十世也不得不承认贝尼尼的天才，他继续委任贝尼尼负责教堂内部的装饰。在大教堂圣坛尽端，贝尼尼将圣彼得的宝座（Chair of Saint Peter）与背后的窗子结合在一起，如同旭日破晓，气势恢宏。

下一任教皇是亚历山大七世（Pope Alexander Ⅶ，1655—1667年在位）。他曾经感叹说："如果把贝尼尼的所有作品从圣彼得大教堂中移走，那么这座教堂将一无所有。"这话一点也不夸张，在这座历史上最伟大的教堂中，到处都可以见到贝尼尼的雕塑，其中就包括亚历山大七世的墓。它被德国艺术史家欧文·潘诺夫斯基（Erwin Panofsky，1892—1968）誉为是"欧洲墓碑艺术的巅峰之作"。

罗马圣彼得大教堂内的亚历山大七世墓

11-3 罗马圣彼得广场

由于深得亚历山大七世的赏识，贝尼尼在建筑领域的声誉迅速得到恢复。1656—1667 年，贝尼尼受亚历山大七世的委托在圣彼得大教堂

罗马圣彼得广场鸟瞰

罗马圣彼得广场，从大教堂穹顶向东看（摄影：D. Iliff）

前设计广场（St. Peter's Square）。这是一座由两部分组成的巨型广场，主体部分平面为四圆心椭圆，长轴直径 198 米、短轴直径 148 米。中央耸立的古埃及方尖碑高 25.5 米，原本树立在大教堂南侧的古罗马时代卡利古拉赛车场中。两侧柱廊由四排共 284 根塔司干巨柱组成，气势蔚为壮观，每排柱子均与椭圆焦点对齐。椭圆形广场与大教堂之间则由一个梯形广场相连，据说是想利用透视错觉来“缩小”马代尔诺设计的过大的立面。从大教堂的方向向外望去，梯形广场与椭圆形广场的柱廊前后相连，形如教会伸出的慈母般的双手，去拥抱虔诚的信徒。

11-4 梵蒂冈教皇接待厅大阶梯

圣彼得大教堂与梵蒂冈宫一墙之隔，两者之间有一条由贝尼尼设计的大阶梯（Scala Regia），兼做为梵蒂冈宫的主入口。贝尼尼利用透视法将它设计成下大上小的形状，空间的高度与开间大小也由下而上逐渐

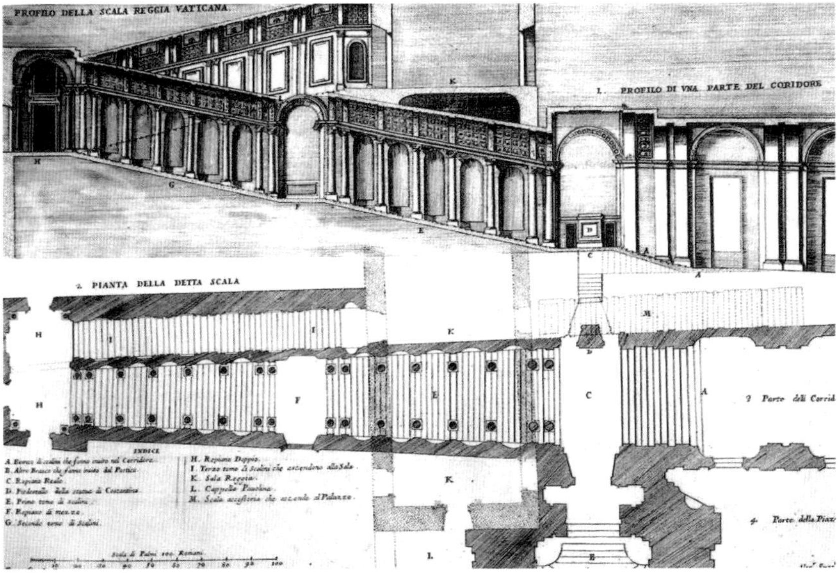

梵蒂冈教皇接待厅大阶梯剖面图和平面图

缩小，从而给人一种比实际更长更深的错觉。贝尼尼还充分利用光影变化来进一步营造戏剧性的效果。行走其上，先是大阶梯中段左方的光亮吸引人的注意力；再往里走，则又被来自更远方窗户射入的光线所引导。这种将自然光线与人造环境生动融合以追求舞台表演般的空间感受的做法正是巴洛克艺术的精髓。

梵蒂冈教皇接待厅大阶梯，从下向上看

11-5 罗马奎里纳尔山的圣安德烈教堂

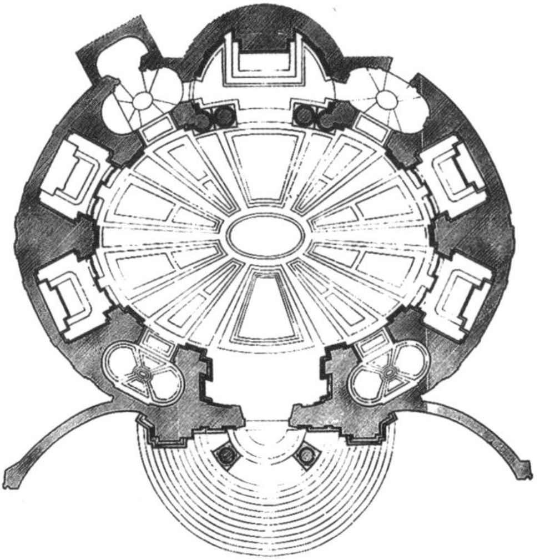
奎里纳尔山的圣安德烈教堂平面图

1658 年开始建造的奎里纳尔山的圣安德烈教堂（Sant'Andrea al Quirinale）是贝尼尼的建筑代表作。它的平面很有特点，与维尼奥拉的圣安娜教堂一样，它的主体空间也采用椭圆形，但却被横向设置。椭圆的长轴两端并未指向壁龛，其重要性因此被削弱；而短轴却因为与环形台阶、大门以及由柱廊标示的圣坛相贯通，反而成为空间的主轴线。这不

奎里纳尔山的圣安德烈教堂穹顶仰望（摄影：M. Rovesti）

是一个圆心静止的文艺复兴式集中空间，也不是强调单向运动的巴西利卡式纵向空间，而是几种力量相互较量形成的紧张平衡。教堂的外立面设计也是巴洛克时代的精彩之作，两侧的墙面呈环抱之势，而门廊与台阶则反向突出，要将信徒迎入教堂。

奎里纳尔山的圣安德烈教堂立面图（G. F. Venturini 绘制）

第十二章 博罗米尼

“如果我仅仅想成为一个模仿者，我就不会加入这个职业。”

1666

12-1 罗马的四喷泉圣卡洛教堂

EQUES FRANCISCUS BORROMINIUS COMENSIS
HUIUS ECCLESIÆ ET CONUENTUS S. CAROLI AD QUATUOR
FONTES PRÆCLARISSIMUS ARCHITECTUS ATQUE
INSIGNIS BENEFACTOR OBYT ROMÆ 1667.

博罗米尼像

如果说贝尼尼是巴洛克艺术全才的话，那么单就建筑艺术而言，比贝尼尼小一岁的弗朗切斯科·博罗米尼（Francesco Borromini，1599—1667）则堪称是杰出的代表人物。他的作品以前无古人的大胆想象创造了全新的建筑空间形象。

博罗米尼出身石匠家庭，青年时代曾经追随马代尔诺，并协助贝尼尼建造圣彼得华盖。1634年，他第一次独立获得建筑设计任务——罗马的四喷泉圣卡洛教堂（San Carlo alle Quattro Fontane），与贝尼尼设计的奎里纳尔山的圣安德烈教堂相距不到200米，建造时间更早一些。这件作品“一炮打响”，成为意大利巴洛克建筑艺术最高水平的象征。

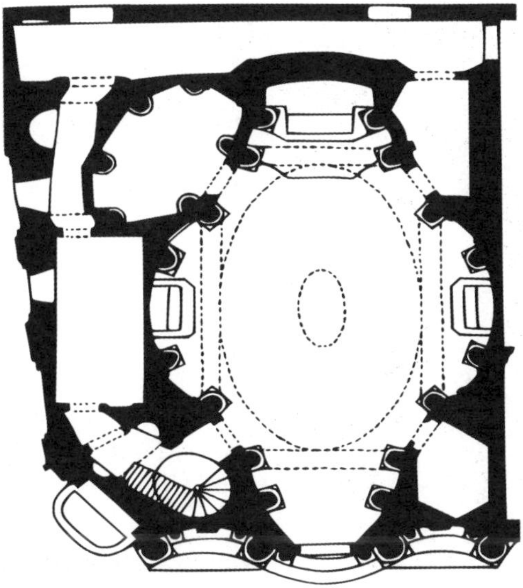
四喷泉圣卡洛教堂平面图

这座教堂非常小，人们总是拿它的尺寸与圣彼得大教堂支撑穹顶的柱墩作比较。教堂内部的空间主体是一个纵向的椭圆形，纵轴前后各附有一个半圆形空间用作入口和圣坛，横轴左右两侧则各接一个较为扁平的半椭圆形，如此在内部形成拉长的集中式形式。与同样采用椭圆形平面的奎里纳尔山的圣安德烈教堂相比，贝尼尼设计中各部分轮廓都较为鲜明，基本上还保持着文艺复兴时期所推崇的空间完整性。但是博罗米尼的做法完全不同。圣卡洛教堂组成内部空间的几个部分彼此之间并没有明确加以区分，而是相互融为一体，并环以拥有连续不间断檐部的柱廊，墙壁也呈连续波状起伏弯曲，

四喷泉圣卡洛教堂内景，向圣坛方向看

四喷泉圣卡洛教堂穹顶

四喷泉圣卡洛教堂纵剖面图

由此形成一种历史上前所未见的空间：它既不同于文艺复兴时期那种理性的充满秩序和均衡的空间；也不同于哥特教堂内激烈对立和明确运动的空间；它是一个正在形成的活动中的空间。在这个空间中存在着运动，但它却时刻变化着节奏和方向。在这个空间中存在着秩序和等级，但它们却互相渗透、互相包容，甚至连穹顶也与主体空间完全融合，由下至上，融会贯通。抬头望去，穹顶由于“透视”而显得无限幽远，而在采光塔中，外部空间正拼命地试图挤进来，使它的墙面不由得向内凹入。

四喷泉圣卡洛教堂外观

教堂临街的西立面建造于30年后。它也极富动感，上下墙面仿佛波浪起伏。其中下层中央开间向外突出，两侧向内凹陷，檐部连成一条波浪线；而上层三个开间均是向内凹陷，中央恰好形成一个小露台。如此一种将建筑、雕刻融会贯通的处理方式给建筑表面带来了强烈动感，在罗马狭窄与拥挤的街道中显得格外生气勃勃。这座教堂的主事非常喜欢这座建筑，由衷地赞叹道：“世间再也找不到任何一座与之相似的建筑。”作为委托人所能给予被委托人的最高评价莫过于此了。

这座四喷泉圣卡洛教堂所在的十字路口每个街角各有一座喷泉，故此得名。这四座喷泉是教皇西克斯图斯五世（Pope Sixtus Ⅴ，1585—1590

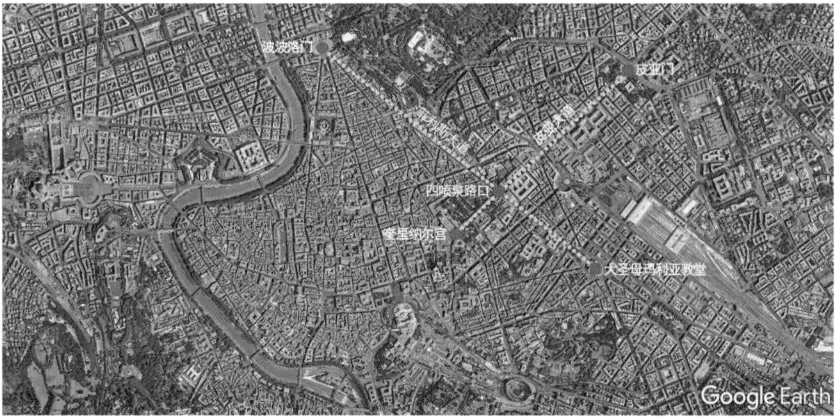

罗马的菲利斯大道与皮亚大道

西克斯图斯五世肖像，周围环以他所委托建造的建筑图像（G. Pinadello 绘于 1589 年）

年在位）放置在这里的，用以标示即将兴建的菲利斯大道（Strada Felice，现为“四喷泉大道”Via delle Quattro Fontane）与皮亚大道的交叉路口。皮亚大道一端连接皮亚城门（Porta Pia），另一端则是罗马教皇的奎里纳尔宫；而菲利斯大道则计划要将大圣母玛利亚教堂与波波洛城门进行连接。

“菲利斯”是雄心勃勃的西克斯图斯五世的本名。这位教皇立志要改变中世纪罗马混乱无序的城市面貌。当时的罗马城区面积比罗马

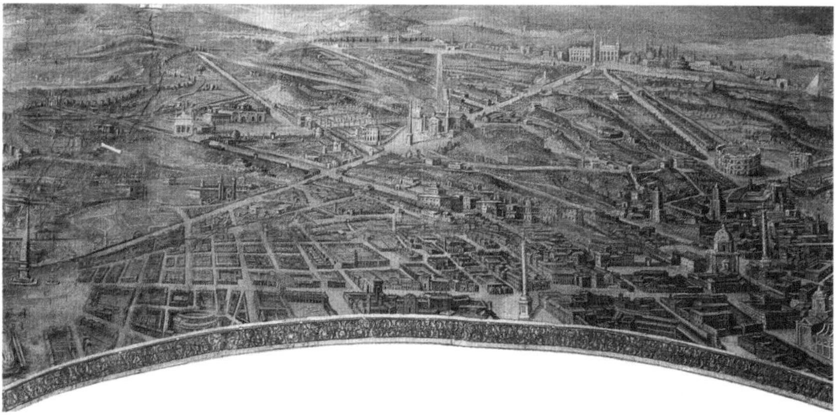

西克斯图斯五世的罗马城市规划图（绘于 1588 年）

帝国时期的缩小了许多，人口仅仅只有 10 万人左右，密密麻麻的住宅拥挤在台伯河边。西克斯图斯五世希望通过建设包括菲利斯大道在内的一系列新大道，把基督教早期零散修建的几座主要的教堂、宫殿用轴线连接起来，以此重新组织罗马的城市秩序。尽管因为在位时间极为有限，许多宏伟的构思都未能够来得及实现，但是西克斯图斯五世的这种大刀阔斧的城市更新设计做法却奠定了一个富有张力的巴洛克新罗马的基本格局，以此有别于以向公共广场凝聚为特点的古代罗马和混乱无序的中世纪罗马，他因此被称为第一位巴洛克城市规划师。他的影响将特别明显地体现在日后巴黎、华盛顿等城市的规划建设上。

12-2 罗马的睿智圣伊夫教堂

博罗米尼有一句名言：“如果我仅仅想成为一个模仿者，我就不会加入这个职业。”[34]109 1642 年开始设计建造的睿智圣伊夫教堂（Sant'Ivo alla Sapienza）就是这句话的生动写照。这座教堂建造在纳沃纳广场旁的原罗马大学中庭内，立面以凹凸交替变化构成极有韵律的动感效果：正面入口呈大凹形，与两侧文艺复兴时期的拱廊自然地融为一体；其上的穹顶鼓座部分则向外突出；再向上，穹顶采光塔

睿智圣伊夫教堂剖面图

睿智圣伊夫教堂庭院一侧外观（摄影：V. Nigam）

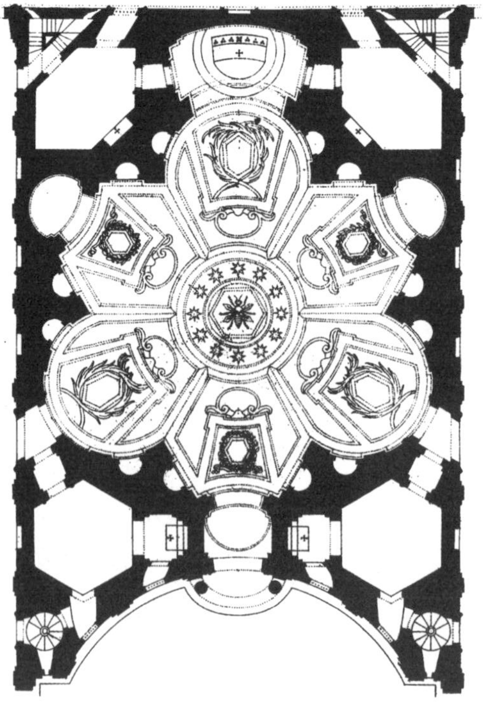

睿智圣伊夫教堂平面图

的壁面又向内凹陷，如此一呼一吸；最后，这种交替运动以一个螺旋向上的尖塔趋入无限。如此千变万化的曲面造型打破了原本宁静的文艺复兴中庭空间，使之充满了巴洛克的动感。

在教堂内部，三个半圆形壁龛和三个梯形壁龛交替出现并与中央空间相融合，形成不可分割的连续整体。这种融合关系一直越过檐部延伸到穹顶鼓座，并最终在采光塔中融为一体。

睿智圣伊夫教堂穹顶内景

12-3 罗马纳沃纳广场的圣阿涅塞教堂

1653 年，博罗米尼受教皇英诺森十世委托，接手位于纳沃纳广场西侧的圣阿涅塞教堂（Sant'Agnese in Piazza Navona）的设计任务。它所采用的希腊十字平面此前已经由吉罗拉莫·拉伊纳尔迪（Girolamo Rainaldi，1570—1655）和卡洛·拉伊纳尔迪（Carlo Rainaldi，1611—1691）父子确定，博罗米尼只对其稍作调整，他的主要工作是立面设计。

纳沃纳广场圣阿涅塞教堂外观，右前方为贝尼尼创作的大型雕塑《四河喷泉》

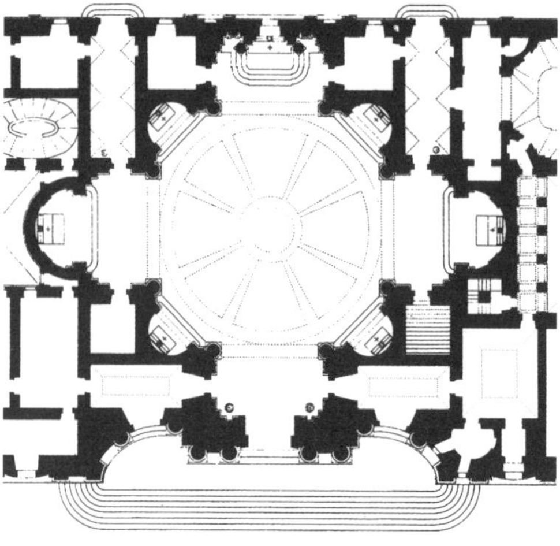

纳沃纳广场圣阿涅塞教堂平面图

前面介绍过，马代尔诺设计的圣彼得大教堂门廊立面由于过于巨大，以至于将后面那个伟大的穹顶完全遮挡住了。博罗米尼汲取这个教训。他将穹顶设计成尖拱以尽可能增加其高度，与此同时尽量压低门廊高度，并且将门廊中央部分向内凹陷，这样就使得教堂穹顶即使在很近的距离也可以得到很好的表现，而且这种中央凹入、两翼伸出的处理方式也与广场产生良好互动。为了避免主穹顶加高后显得过于突兀，博罗米尼还吸收贝尼尼的经验在门廊两侧设计两座钟塔作为陪衬。这种兼有哥特式特点的立面造型后来受到很大欢迎。

12-4 罗马的拉特兰圣约翰大教堂

博罗米尼还受教皇英诺森十世的委托担任拉特兰圣约翰大教堂（Archbasilica of Saint John Lateran）的改造任务。这座大教堂是罗马教皇的主教座所在，是古罗马君士坦丁大帝宣布基督教合法化之后建造的第一座教堂，素有“全世界天主教堂之母”美称。博罗米尼被要求不得改变教堂的地面（建于13世纪）、天花板（建于16世纪）以及圣坛（建于13世纪），所以他的主要工作集中在中厅两侧的壁面上。

拉特兰圣约翰大教堂中厅，向圣坛方向看（摄影：Zigf / Dreamstime）

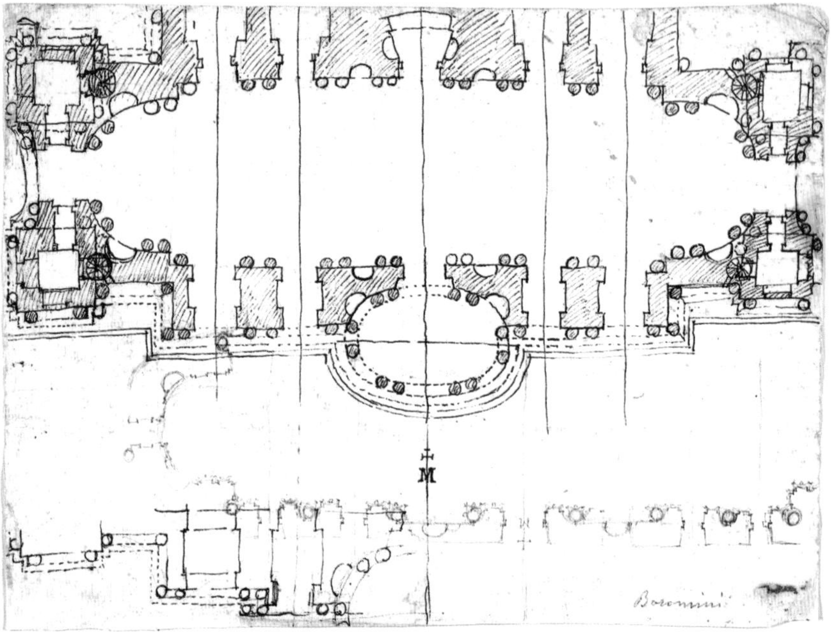

博罗米尼设计的拉特兰圣约翰大教堂平面图草稿

英诺森十世去世后，继任教皇亚历山大七世偏爱博罗米尼的主要竞争对手贝尼尼，博罗米尼手里的几个主要项目都被相继剥夺——圣阿涅塞教堂被重新交给卡洛·拉伊纳尔迪，拉特兰圣约翰大教堂的改造也被暂停。博罗米尼郁郁不得志，最终于 1667 年自杀。按照遗愿，他被埋葬在他最敬爱的老师和朋友马代尔诺的墓旁。[37]

第十三章 十七世纪建筑名家

“建筑学可以修正古代希腊和罗马的法则，并发展出新的法则。”

13-1 瓜里尼与《民用建筑》

瓜里诺·瓜里尼（Guarino Guarini，1624—1683）是意大利巴洛克时代不多见的建筑理论家。在他的主要论著《民用建筑》（Civil Architecture）一书中，他首次将所谓“哥特柱式”（Ordine Gotico）与传统的多立克柱式、爱奥尼克柱式和科林斯柱式并列。在他看来，哥特工匠是“天才的建造者”，他甚至提议要展开一场关于“古典建筑与哥特建筑哪个具有更高追求”的辩论。[16]73 在意大利文艺复兴运动兴起以后一边倒

瓜里尼《民用建筑》书中所画的「哥特柱式」

的对哥特建筑的批判声浪中，瓜里尼第一个表达出肯定性评价，实属可贵。

13-2 都灵大教堂圣裹尸布礼拜堂

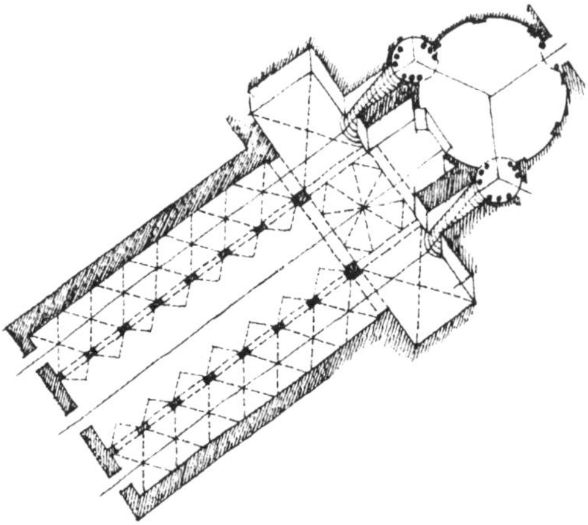

都灵大教堂平面轴测图，圣坛后方为圣裹尸布礼拜堂

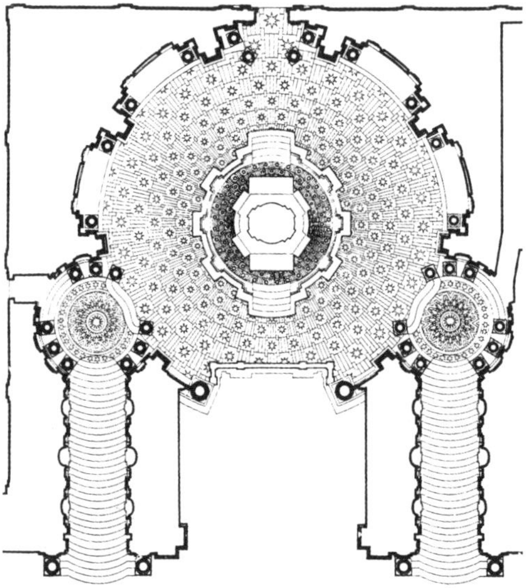

都灵大教堂圣裹尸布礼拜堂平面图

在建筑设计上，瓜里尼深受博罗米尼相互渗透和无限运动空间思想影响，创作了许多令人难忘的佳作。

瓜里尼的作品主要集中在都灵（Turin）。这是一座历史名城，城市的骨架可以追溯到古罗马军营。位于原老城北侧的都灵大教堂（Turin Cathedral）建于1491年，以收藏著名的“都灵圣裹尸布”（Sindone di Torino，许多人相信它曾经包裹过耶稣的遗体，并因此“印”上耶稣的遗容）闻名。1666年，瓜里尼设计了位于都灵大教堂圣坛后方的圣裹尸布礼拜堂(Cappella della Sacra Sindone）。它的主体空间平面呈圆形，圆周被等分成九段，其中三个开间被设计成入口，两个朝向

都灵大教堂圣裹尸布礼拜堂穹顶内景（摄影：D. Bottallo）

中厅方向，一个朝后。其余六个开间每两个形成一组，其上分别横跨一大拱券呈三角形排列，相互之间连以帆拱以承受穹顶。穹顶设计十分精彩，六组具有哥特特征的肋骨架蜿蜒旋转而上。美国艺术史家霍斯特·瓦尔德马·詹森（Horst Waldemar Janson，1913—1982）评论道：“这个圆顶给人一种缥缈无尽永恒的幽思。他在古典建筑与哥特式建筑间维持一种‘惊险’的平衡，对这两种不同的建筑价值有同样的敬仰。”[38]

都灵大教堂圣裹尸布礼拜堂穹顶外观（摄影：E. Orcorte）

13-3 都灵圣洛伦佐教堂

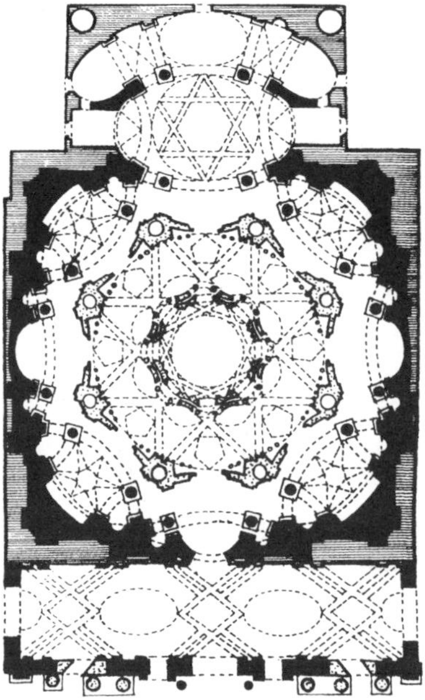

都灵圣洛伦佐教堂平面图（黑色墙体为瓜里尼原设计）

1668年，瓜里尼又为都灵设计了圣洛伦佐教堂。受博罗米尼的影响，瓜里尼将脉动起伏的运动视为自然界的基本属性，他的这种思想在这座教堂中得到充分阐述。

教堂平面中央以八边形为基础，各条边都由柱廊构成，都向教堂中央弧形弯曲，而在外侧形成小礼拜室。在纵轴线的后方，瓜里尼设计了一个椭圆形的圣坛空间，如同帕拉第奥的威尼斯救世主教堂一样，前后也是用

都灵圣洛伦佐教堂内部，向圣坛方向看（摄影：A. Mucelli）

都灵圣洛伦佐教堂主穹顶内景（摄影：Flarescape）

柱廊与其他空间分隔。在其内部靠近长轴两端的柱子间设计一个向圣坛中心弯曲的拱券，它们与短轴方向两个沿椭圆形自身曲线向外弯曲的拱券形成对比，充满活力。主穹顶与圣坛小穹顶都用弧形肋骨砌成，其中主穹顶为八角星形，而小穹顶为六角星形。从外观上看，主穹顶及采光塔表面呈反向曲线变化，凹凸对比，加之其他精彩的细部刻画，呈现出动人的美感。原本瓜里尼还为教堂设计了动感起伏的正立面，但最终未能实现。

都灵圣洛伦佐教堂主穹顶外观

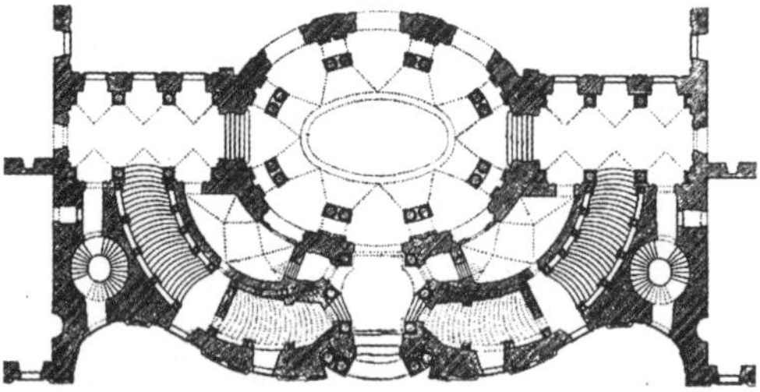

都灵卡里尼亚诺宫平面图

13-4 都灵卡里尼亚诺宫

位于都灵市中心的卡里尼亚诺宫（Palazzo Carignano）建造于1679年，也是瓜里尼设计，是一座红砖包裹的美丽建筑。它的椭圆形入口大厅不断凹凸转换的优美弧线将巴洛克动态特征发挥得淋漓尽致。

都灵卡里尼亚诺宫外观（摄影：L. Bellotti）

13-5 科尔托纳与罗马的和平圣母玛利亚教堂

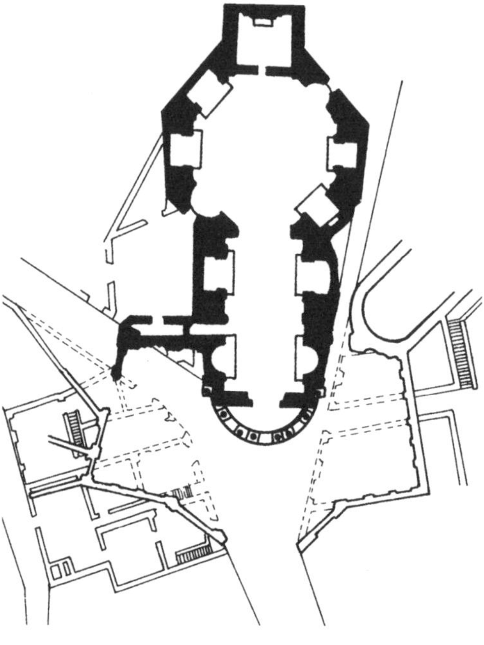

罗马的和平圣母玛利亚教堂前广场改造平面图，虚线为被拆除的建筑。注意这些建筑仅仅只被拆到广场的边界，而未被波及的部分全都保留下来

皮埃特罗·达·科尔托纳（Pietro da Cortona，1596—1669）是巴洛克时代有名的画家兼建筑家。罗马的和平圣母玛利亚教堂（Santa Maria della Pace）是他的建筑设计代表作。

这座教堂位于纳沃纳广场旁一个狭窄的三岔路口，原建于1482年。1656年，

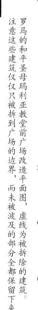

罗马的和平圣母玛利亚教堂及其前广场鸟瞰

教皇亚历山大七世委托科尔托纳对其进行改造。科尔托纳拆除了教堂前的部分建筑，利用真真假假的门窗设计，在一个非常局促逼仄的地方用最小的代价造就了一个堂皇的小广场。这是极为高超精妙的设计手段。

罗马的和平圣母玛利亚教堂前广场外观，左右侧均可见到由『门洞』所掩饰的巷道

13–6

莱那第与罗马波波洛广场的圣山圣母堂和灵迹圣母堂

卡洛·莱那第与其父亲吉罗拉莫·莱那第都是贝尼尼和博罗米尼同时代的有力竞争对手，纳沃纳广场的圣阿涅塞教堂最终就是由卡洛·莱那第完成的。卡洛·莱那第的作品很多，其中最有特点的当属位于罗马波波洛广场（Piazza del Popolo，或译人民广场）上的圣山圣母堂（Santa Maria di Montesanto）和灵迹圣母堂（Santa Maria dei Miracoli）这对姐妹教堂。

由于透视变形的缘故，本图中灵迹圣母堂所处的夹角看上去会小一些，而实际上圣山圣母堂的夹角更小

波波洛广场坐落于罗马的波波洛城门内，其前身是古罗马时代的弗拉米尼亚大门，由此通往意大利北方的弗拉米尼亚大道（Via Flaminia）是古罗马最重要的干道之一。在西克斯图斯五世进行罗马规划时，从大圣母玛利亚教堂通往波波洛城门的菲利斯大道是其中的关键一环。但是由于遇到山势障碍，这条大道并未能按照预期通到波波洛城门，而最终停在了有名的西班牙大台阶（Spanish Steps）[㊀]的上方。这样一来，按照原定规划从波波洛城门引出的三条放射状大道其中靠东侧的这一条不得不略微向内偏移，最终在西班牙大台阶的下方与菲利斯大道“汇合”。

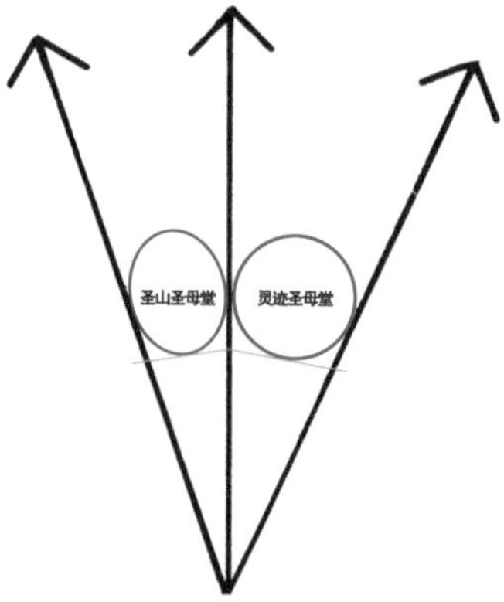

圣山圣母堂和灵迹圣母堂位置示意图

1661 年，教皇亚历山大七世委托卡洛·莱那第在这三条大道之间设计两座教堂。由于前述原因，这两条大道的夹角并不一致，东侧的夹角要略小于西侧。这就给建筑师带来难题。按照常理，这两座教堂应该建成完全对称的形态。但是因为两处基地宽窄不一，如果要做成大小完全一样，那

㊀ 西班牙大台阶建造于 1725 年，建筑师是亚历山德罗·斯佩奇（Alessandro Specchi，1668—1729）和弗朗切斯科·德·桑克蒂斯（Francesco De Sanctis，1679—1731），由法国宫廷出资，最终却以位于其附近的西班牙大使馆而命名。

么处在狭窄地块上的教堂就必须退后；而如果要让两座教堂并排，处于狭窄地块上的教堂势必要缩小。为解决这个难题，莱那第巧妙地将位于较窄地块的圣山圣母堂的穹顶做成椭圆形，其宽度略窄一些，但却沿纵轴拉长，利用人们的视错觉，使其与圆形的灵迹圣母堂在感观上保持一致。

圣山圣母堂（左）和灵迹圣母堂（右）

13—7 格拉西与罗马的圣依纳爵教堂

罗马的圣依纳爵教堂（Sant'Ignazio）建于1626年，外观是这个时期典型的巴洛克风格。教会原打算邀请马代尔诺进行设计，最终却选择了耶稣会修士奥拉齐奥·格拉西（Orazio Grassi，1583—1654）。作为耶稣会成员，格拉西不仅是一位虔诚的修道士，同时也是称职的建筑家、数学家和天文学家。1619年，他曾经与伽利略·伽利莱（Galileo Galilei，1564—

罗马的圣依纳爵教堂外观

罗马的圣依纳爵教堂中厅天顶画

1642）就彗星的性质问题展开辩论。在这场辩论中，格拉西是相对正确的一方。

1685年，另一位耶稣会成员安德里亚·波佐（Andrea Pozzo，1642—1709）为这座教堂中厅绘制天顶画。这是最壮观的巴洛克绘画作品之一，云腾雾绕透视深远的画面与建筑的实际结构完全融合在一起，分不清哪里是真的建筑结构，哪里是画面；分不清哪里是结构的边界，哪里是画面的开始。仿佛天花板已被打开，天堂就在眼前。

威尼斯安康圣母堂平面图

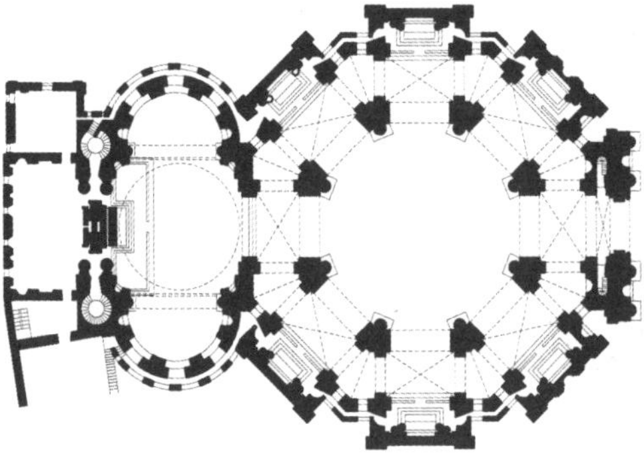

13-8 隆格纳与威尼斯安康圣母堂

巴尔达萨雷·隆格纳（Baldassarre Longhena，1598—1682）

是威尼斯巴洛克建筑家的代表。安康圣母堂（Santa Maria della Salute）是他的经典之作。这座教堂是为纪念 1630 年死于黑死病的 46000 名威尼斯人而建。在大运河的入口岬角上，工人们打下超过 100 万根木桩作为教堂的地基。教堂由一个上覆穹顶的八边形主体空间与一个覆有较小穹顶的祭司空间组成。其中央穹顶鼓座与环廊顶部之间的大型涡卷形装饰成为其外观最为动人的特征。

威尼斯安康圣母堂外观

第三部

法国古典主义

第十四章

弗朗索瓦一世和亨利二世时代

『这个大孩子将会把所有的一切败个精光。』

14-1 从查理七世到弗朗索瓦一世

当布鲁内莱斯基开始建造佛罗伦萨大教堂穹顶的时候，法国还正处在百年战争的血雨腥风之中。1422 年，亨利六世（Henry Ⅵ，1422—1461 年在位，1470 年—1471 年在位）在巴黎同时戴上了英格兰和法兰西两顶王冠，大半个法国沦陷于英军铁蹄之下。值此生死存亡的紧要关头，1429 年，17 岁的农村少女贞德（Joan of Arc，1412—1431）自认受到“神意的感召”挺身而出拯救法国。她领兵击败英军，而后将查理七世（Charles Ⅶ，1422—1461 年在位）带到兰斯大教堂为其加冕。在她牺牲 22 年后的 1453 年，法国军民终于将英军赶出法国，赢得这场已经持续 116 年的漫长战争的最终胜利。

1461 年，查理七世的儿子路易十一（Louis Ⅺ，1461—1483 年在位）继位国王。他努力消灭境内各主要封建割据势力，完成国家统一大业，初步建立君主专制制度，使法国从长期的分裂和战乱中摆脱出来，重新以强国的面目傲视欧洲。路易十一的继承人是查理八世（Charles Ⅷ，1483—1498 年在位），正是他于 1494 年应米兰公爵卢多维科·斯福尔扎之邀入侵意大利，开启了意大利超过半个世纪的战乱。1499 年，查理八世的继承人路易十二（Louis Ⅻ，1498—1515 年在位）又一次入侵意大利，在赶走卢多维科之后占领米兰。达·芬奇和伯拉孟特被迫离开这座城市，达·芬奇四处辗转，而伯拉孟特则前往罗马，开启了文艺复兴盛期的辉煌篇章。

1515 年，弗朗索瓦一世（François I，1515—1547 年在位）继承王位，肩负起引领法国从中世纪进入文艺复兴新世界的重任。他再次入侵意大利，得到一件特殊的“战利品”——已经 64 岁的达·芬奇。1516 年，达·芬奇带着《蒙娜丽莎》来到卢瓦尔河（Loire）畔的昂布瓦斯（Amboise）。在这里，尽管已经很少画画，但他还是尽其所能为弗朗索瓦一世的一些工程项目出谋划策，参与宫廷戏剧的布景制作，为国王的宫殿设计提供建议。三年后的 1519 年 5 月 2 日，这位天才艺术家与世长辞，长眠在昂布瓦斯的一所修道院中。

弗朗索瓦一世探望临终时的达·芬奇（J.A.D. Ingres 绘于 1818 年）

14-2 香波堡

全长大约 1000 公里的卢瓦尔河蜿蜒穿越法国中部，两岸森林密布。从中世纪开始，这里就成为王公贵族们消闲打猎的理想去处，并在河畔建造起数以百计的城堡，使之成为世界上景色最为迷人的河流之一。弗朗索瓦一世登基之后，在他的大力推动下，随着包括达·芬奇、塞利奥、罗马诺在内的许多意大利艺术家的到来，一大批具有文艺复兴新风格的城堡又建造起来，使卢瓦尔河谷成为法国文艺复兴的摇篮。在它们之中，1519 年开始建造的香波堡（Château de Chambord）是最引人瞩目的一座。

香波堡位于卢瓦尔河的一条支流上，原本是一座中世纪城堡。弗朗索瓦一世希望将其改造为意大利文艺复兴风格，为此邀请达·芬奇进行最初的设计。达·芬奇去世后，他又委托另一位意大利建筑师多梅尼科·达·科尔托纳（Domenico da Cortona，1465—1549）予以负责。与传统的具有防御性功能的中世纪城堡不同，这座香波堡是法国文艺复兴时期出现的一种新型城堡，它的立面开着齐整的大窗，就连底层也不例外，完全不具有防御价值。在法语中，为了区

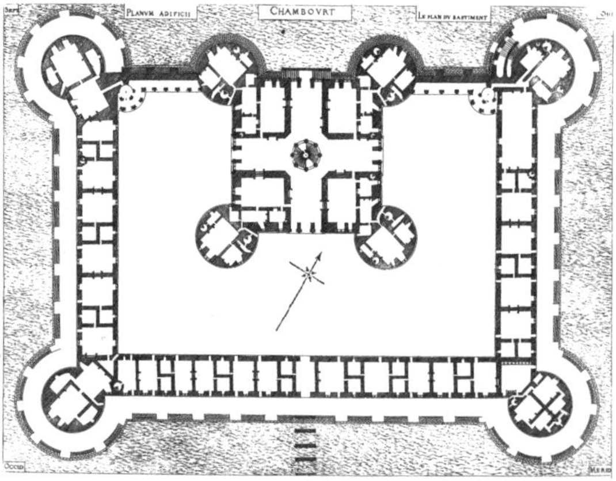

香波堡平面图（Ducerceau 绘于 1576 年）

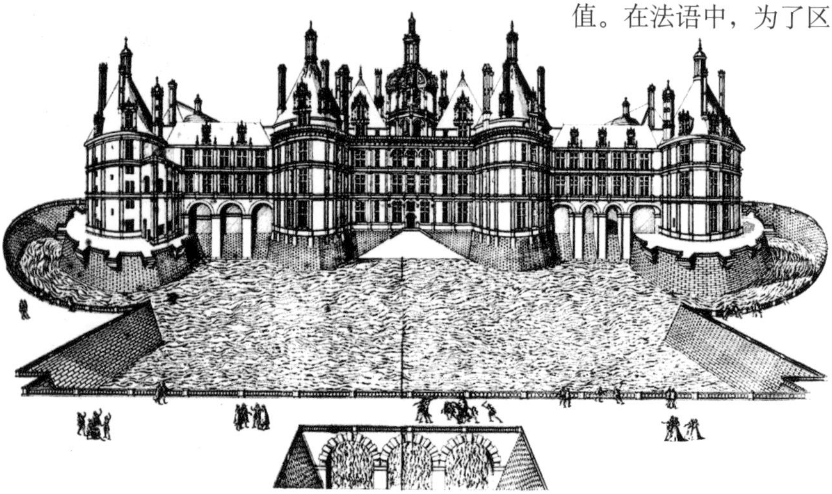

香波堡主立面图（Ducerceau 绘于 1576 年），其护城河形状和位置与如今的现状有所不同

香波堡主立面外观（摄影：P. Bousseaud）

分这样两种不同性质的城堡，一般将具有防御功能的中世纪城堡称为“Château Fort”，而将“Château”这个单词用来特指文艺复兴风格的新型城堡（有人将其翻译成“法式城堡”）。

香波堡主堡中央双螺旋楼梯外观（摄影：S. Compoint）

这座新型城堡的主轴线为西北—东南走向，由主堡和外围建筑组成，四周原本都环以护城河。其主体部分朝向西北方向，高三层，平面呈工整对称的希腊十字式布局，中央是达·芬奇设计的双螺旋楼梯，四角是四座大套房，各拥有一座向外突出的角楼，其中朝北的套房由弗朗索瓦一世居住。屋顶

香波堡主堡中央双螺旋楼梯内部（摄影：S. Compoint）

香波堡主堡屋顶（摄影：Peter Kst）

是大露台，其间耸立着九座主塔和数以百计的烟囱小塔，行走其间就好像是置身于城市街道一般。这样的设计理念据说是出自于国王本人。从主体建筑向两翼有同样高达三层的走廊与外侧的角楼连通，其中西侧外角楼内设置有礼拜堂，北侧外角楼内是套房。按照一般的做法，走廊应该继续向东南方向延伸并最终形成合院，但实际上只有一小段建成了三层楼房，其余部分包括位于南面和东面的外角楼都只有一层，内部也是不同大小的套房，以容纳国王数以百计的随行人员。

香波堡建成后，弗朗索瓦一世总共只在此住了42天。

香波堡鸟瞰（摄影：L. Letot）

14-3 阿泽·勒·丽多城堡

建于1518年的阿泽·勒·丽多城堡（Château d'Azay-le-Rideau）坐落在卢瓦尔河支流安德尔河（Indre）上的一个小岛，被法国大文豪奥诺雷·德·巴尔扎克（Honoré de Balzac，1799—1850）赞为是“镶嵌在安德尔河上的光芒四射的钻石”。这座文艺复兴新型城堡的主人是弗朗索瓦一世的财政官员吉尔·贝特洛（Gilles Berthelot）。他原本打算将其建成矩形的合院，但刚建成南翼和西翼就因为“犯事”而被迫流亡，城堡则被国王没收赏赐他人，以后未再建设东、北两翼，而保持L形布局至今。

从西南方向看阿泽·勒·丽多城堡（摄影：A. Brown）

从东北方向看阿泽·勒·丽多城堡（摄影：M. Evans）

14-4 舍农索城堡

有“女人建造给女人”之称的舍农索城堡（Le Château de Chenonceau）堪称是卢瓦尔河谷最浪漫优雅的文艺复兴城堡。

从西南方向鸟瞰舍农索城堡（摄影：A. Varanishcha）。画面左侧河水环绕的方形广场为马奎斯城堡旧址，其上方远处为黛安花园；画面左前方为凯瑟琳·德·美第奇花园；画面左后方绿地为凯瑟琳扩建计划中的主入口大庭院

这座城堡坐落在卢瓦尔河的支流谢尔河（Cher）上，它的历史最早可以追溯到13世纪，后来在百年战争中被毁。1432年，让二世·马奎斯（Jean Ⅱ Marques）重建城堡，并在城堡朝向河流一侧的水中修建了一座磨坊。1513年，马奎斯家族将其卖给托马斯·博伊尔（Thomas Bohier）。1515年，在托马斯·博伊尔的妻子凯瑟琳·布里松内（Catherine Briçonnet）的监造下，旧的马奎斯城堡除西南角楼被保留外其余全被拆除，其基地变成为新城堡的入口广场。具有文艺复兴新式样的新城堡被建造在马奎斯时代设在谢尔河中的磨坊基座上，通过吊桥与河岸上的入口广场相连。

1526年，托马斯·博伊尔的儿子安托万·博伊尔（Antoine Bohier）因负债不得不将城堡割让给国王。弗朗索瓦一世获得这座城堡后并未进行打理。1547年，亨利二世（Henry Ⅱ，1547—1559年在位）继承王位。他将这座城堡送给他的情妇黛安·德·普瓦捷（Diane de Poitiers，1499—1566）。出身于贵族世家的黛安比亨利二世年长19岁。早在1525年，弗朗索瓦一世在意大利作战失利被神圣罗马帝国皇帝查理五世俘虏，直到第二年才被有条件释放。作为交换，他的两个年幼的儿子被送往西班牙作为人质长达四年之久，其中就包括年仅7岁的亨利。在人质即将被交到西班牙士兵手中的那一刻，担任护送任务的黛安代替已故的王后以母亲的名义吻别亨利。这个吻给了正处于惊恐万分的小王子以极大的安慰，亨利从此对黛安产生了强烈的眷恋之情。1534 年，15 岁的亨利与黛安确立了恋爱关系，黛安从此成为亨利最信任的伴侣，直到亨利去世。

从东北方向鸟瞰舍农索城堡，近景为黛安花园（摄影：S. Sonnet）

在获得舍农索城堡后，黛安为城堡修建了一座通向谢尔河南岸的拱桥，同时在旧城堡东侧修建了一座精美的文艺复兴式花园。

1559 年，亨利二世在一场马上比武中不幸受伤去世，黛安失去了最有力的靠山。亨利二世的遗孀是“伟大”洛伦佐的曾孙女凯瑟琳·德·美第奇（Catherine de' Medici，1519—1589），她立即逼迫黛安交出自己觊觎已久的舍农索城堡（用另一座城堡交换），随后对这座城堡进行改造，在黛安建造的桥上修建双层连廊，并在旧城堡西侧修建一座新的

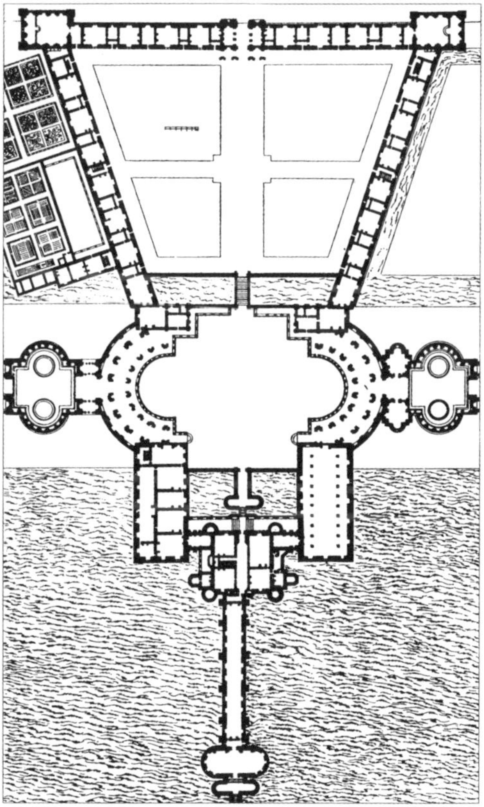

由建筑师 Jean Bullant 为凯瑟琳王太后设计的舍农索城堡扩建规划图

从谢尔河上远眺舍农索城堡（摄影：A. Chicurel）

花园。凯瑟琳王太后原本还计划在谢尔河北岸大规模扩建，但最终因为财力不逮而未能实现，仅有主入口大庭院及其西侧部分建筑得到实现。

14-5 枫丹白露宫

据说路易十二在准备将王位传给堂侄弗朗索瓦一世的时候曾经感叹说：“我们的努力都将白费，因为这个大孩子将会把所有的一切败个精光。”就热衷建造宫殿城堡这一点来说，路易十二没有说错。在卢瓦尔河谷的数座大型城堡还正在建造或者翻新的同时，弗朗索瓦一世又将他的注意力转向塞纳河上的枫丹白露（Fontainebleau）。这个地方拥有广袤的森林，早在 12 世纪就修建有城堡，一直以来都扮演着王室猎庄的职能。弗朗索瓦一世非常喜爱这里，准备将宫廷从卢瓦尔河谷迁到更靠近巴黎的枫丹白露来，要使之成为“新罗马”。

1528 年，弗朗索瓦一世委托建筑家吉尔·勒·布雷东（Gilles le Breton，？—1553）将旧城堡大部拆除，然后在其椭圆形的基地上修建新

枫丹白露宫椭圆形庭院，中央为旧城堡残留部分（摄影：J. L. Mazieres）

式的城堡宫殿。意大利建筑家塞利奥可能也参与了这项工程。弗朗索瓦一世还在城堡西侧修建新的教堂，两者间通过一条宽大的走廊相连。这条走廊被称为“弗朗索瓦一世画廊”（Galerie of François Ⅰ），由意大利建筑家罗索·菲奥伦蒂诺（Rosso Fiorentino，1494—1540）和弗兰西斯科·普列马提乔（Francesco Primaticcio，1504—1570）先后负责设计，长 64 米、宽 6 米、高 6 米。长廊的壁面和天花板均用胡桃木做成，精美的壁画画框由高浮雕形式的人体塑像加以精心装饰，整体极具古典高贵气息。这种装饰风格很快就流传开来，人们称之为“枫丹白露派”（School of Fontainebleau）。

弗朗索瓦一世画廊

从西侧鸟瞰枫丹白露宫（摄影：vpt）
数字1标示椭圆形庭院，2标示弗朗索瓦一世画廊

1540年，弗朗索瓦一世又将宫殿向西延伸，并且在外围修建园林。他去世后，亨利二世、凯瑟琳·德·美第奇以及以后的历代国王们又不断予以扩建、改建，许多重大的历史事件也不断在这里上演。1814年4月4日，拿破仑·波拿巴（Napoléon Bonaparte，1804—1814/1815年为法国皇帝）就是在这里宣告退位。他在晚年回忆说："枫丹白露是真正的国王住所。也许它不是一座严格意义上的宫殿建筑，但无疑是一个经过深思熟虑且非常适合居住的地方。它无疑是欧洲最舒适、最幸福的宫殿。"

14-6 巴黎的卢浮宫

1546年，弗朗索瓦一世又将目光投向巴黎。他看中了位于巴黎城西的卢浮城堡（Louvre）。这座城堡是1190年腓力二世·奥古斯都（Philippe Ⅱ Auguste，1180—1223年在位）在参加十字军东征前，因为担心英国人乘虚而入而下令修建的，位于当时的巴黎城墙外侧。1356年，法国遭遇普

16世纪出版的巴黎地图，左侧为北向。中间跨越塞纳河两岸的城墙为腓力二世时代修建，左侧外道为查理五世城墙，下方红点边上为卢浮城堡

瓦捷会战的惨败，国王约翰二世（John Ⅱ，1350—1364年在位）被英军俘虏，查理五世（Charles Ⅴ，1364—1380年在位）成为摄政王。为了加强巴黎防御，他下令在塞纳河北岸修建一道新的城墙。这道城墙修建在卢浮城堡的外侧，这就使卢浮城堡失去了军事价值，以后被查理五世作为王室居所[㊀]之一使用。弗朗索瓦一世希望在巴黎也要拥有一座像样

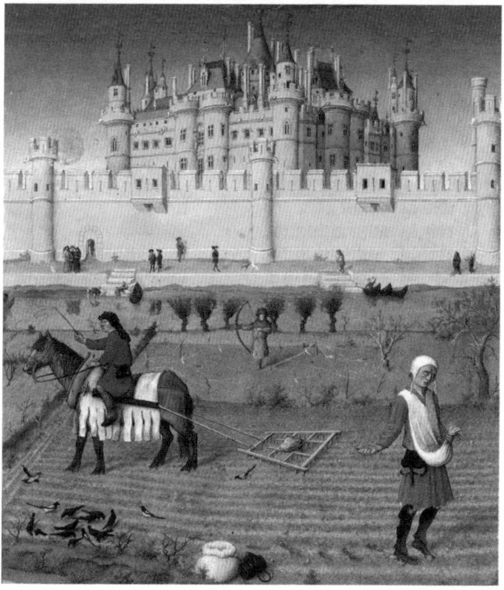

15世纪出版的《贝里公爵的豪华时祷书》中描绘的卢浮城堡

㊀ 查理五世之前，法国王室在巴黎主要居住在塞纳河中的西岱岛上。1358年巴黎发生暴动，暴民攻入西岱岛上的王宫。查理五世受到惊吓，遂决定放弃西岱岛，而搬到包括卢浮城堡在内的更靠近城墙和要塞的几处居所。

的文艺复兴式宫殿，于是下令拆除卢浮城堡，委托建筑家皮埃尔·莱斯科（Pierre Lescot，约 1510—1578）进行设计。不过他只来得及拆掉城堡中央的主塔就去世了，接下来的工作交给了他的儿子亨利二世。

亨利二世首先拆掉卢浮城堡的西翼，由莱斯科用纯正的文艺复兴风格外加“枫丹白露派”装饰重建了这部分。其立面上下三层，左右分为五段，其中中央和两翼部分向前突出，中央部分较两翼稍大，具有明确的中轴对称特点。三个突出部的主门窗洞两侧双柱由壁龛隔开，这种凯旋门式的做法以对比衬托的方式使主体部分地位更加突出。上方高耸的坡顶是法国传统的保留。随后南翼也被拆除，并按照同样的风格予以重建。

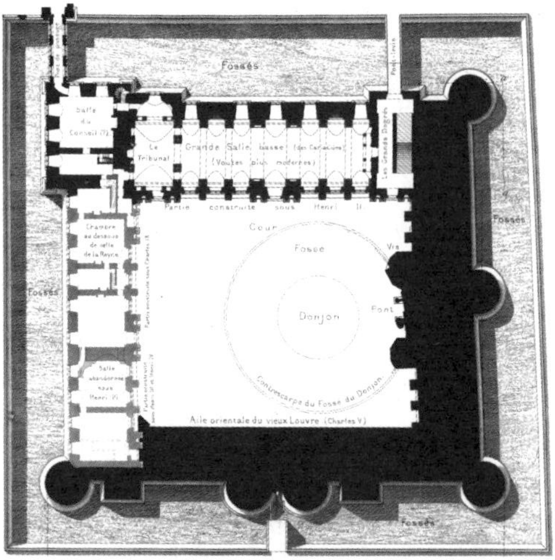

18世纪绘制的卢浮城堡莱斯科改造平面图，左侧为南向

莱斯科设计的卢浮宫卡雷庭院西翼南段

从西侧鸟瞰卢浮宫，近处为杜伊勒里宫（绘于1850年）

在以后的岁月中，卢浮宫的建设规模不断延展扩大。16 世纪末亨利四世时代，卢浮宫沿着塞纳河北岸向西伸出将近 500 米长，成为当时世界上最长的连续建筑立面，并且还在西端建造了 200 多米长的杜伊勒里宫（Tuileries Palace）。17 世纪路易十三时代，旧城堡的北段也被拆除，以莱斯科设计的部分为范本，向北复制延伸，由此完成卢浮宫的核心部分。路易十四时代，旧卢浮城堡的东段也被拆除，在向东扩展后完成新的东段立面，重新封闭形成四合院，即卡雷庭院（Cour Carreé）。

1682 年，路易十四将宫廷迁往新建成的凡尔赛宫，卢浮宫从此不再作为王宫使用。路易十五和路易十六时代开始出现将卢浮宫改造为博物馆的建议。这个设想最终在法国大革命之后得到实现。随后拿破仑下令修建与塞纳河岸边的南翼相平行的北翼，与杜伊勒里宫实现闭合，至此结束了建设扩张。1871 年，巴黎公社内战期间，杜伊勒里宫被火烧毁，其残骸后来被拆除未再重建。20 世纪 80 年代，卢浮宫进行了最新一轮的扩建，由建筑师贝聿铭（1917—2019）在主楼西侧的拿破仑庭院中设计了地下接待中心，以其地面部分的玻璃金字塔闻名。

第十五章 亨利四世和路易十三时代

『巴黎值得一场弥撒。』

15-1 法国宗教战争

自从百年战争获得胜利以后，法国一直顺风顺水地发展，国家实力不断加强。但是这种美景只持续了一百年。16 世纪后半叶，法国重又陷入严重的危机之中。这一次的“罪魁祸首”是宗教斗争。自从 1517 年马丁·路德对罗马天主教会出售“赎罪券”的做法提出批判后，基督教会内部宗教改革与反宗教改革的斗争就持续上演。到了 16 世纪后半叶，这种斗争演变成为大规模的战争，在持续 100 年的时间里，几乎整个西欧都成为血雨腥风的杀戮场。这场宗教战争首先在法国爆发。

早在弗朗索瓦一世在位时期，新教改革思想就已经传入法国。由于早已从在意大利战争中与自己结盟的教皇利奥十世那里取得对法国天主教会的实际领导权，弗朗索瓦一世并不认为新教运动对自己有什么好处。但是另一方面，出于对天主教阵营的神圣罗马帝国皇帝查理五世的敌意，弗朗

加尔文画像（绘于1550年）

索瓦一世也在一定程度上放任新教思想在法国的传播，其中影响最大的当属出生于法国的瑞士宗教改革家约翰·加尔文（John Calvin，1509—1564）。加尔文接受路德提出的“因信称义”思想，他进而提出“人的得救与否皆由上帝预定，与罗马教会无关。”他主张对教会进行改革，由长老治理教会，长老由教徒直选，牧师由长老聘任。他的这种观点得到很大传播，荷兰、英格兰和苏格兰都深受其影响。在法国，加尔文主义的支持者被称为“胡格诺派”（Huguenot）。由于得到弗朗索瓦一世姐姐纳瓦拉王国（Reino de Navarra）[㊀]王后玛格丽特（Marguerite de Navarre，1492—1549）的庇护，胡格诺派在法国南部地区发展很快。很多南方贵族也试图以此为武器，与传统上一直统治法国的北方势力抗衡。

在强力国王弗朗索瓦一世和亨利二世相继去世后，亨利二世与凯瑟琳·德·美第奇的三个儿子弗朗索瓦二世（François Ⅱ，1559—1560年在位，即位时年仅15岁）、查理九世（Charles Ⅸ，1560—1574年在位，即位时年仅10岁）、亨利三世（Henri Ⅲ，1574—1589年在位）先后继位，凯瑟琳以太后名义主持朝政。1562年，两大敌对宗教势力间的武装冲突爆发，王室夹在其中左右摇摆。整个法国都卷入这场内战（又被称为胡格诺战争），成千上万的法国人因为信仰分歧而刀兵相见，血流成河。

1589年，从百年战争爆发起一直延续不断的瓦卢瓦王朝的最后一位国王亨利三世去世，未有子嗣。根据法国王室所秉持的《萨利克继承法》（Salic law），王位将传给最近的男性亲属——亨利三世的远房堂弟兼妹夫、新教胡格诺派首领、波旁家族（Bourbons）出身的纳瓦拉王国国王亨利（纳瓦拉的玛格丽特王后的外孙，成为法国国王后称为亨利四世 Henry Ⅳ，1589—1610年在位）。法国王朝史上的最后一个王朝波旁王朝（1589—1792）由此建立。法国宗教战争进入最后一个阶段。

㊀ 纳瓦拉位于法国西南部与西班牙的边境上，于9世纪建国。16世纪初，纳瓦拉的南部被并入西班牙，而北部地区则在16世纪末并入法国。

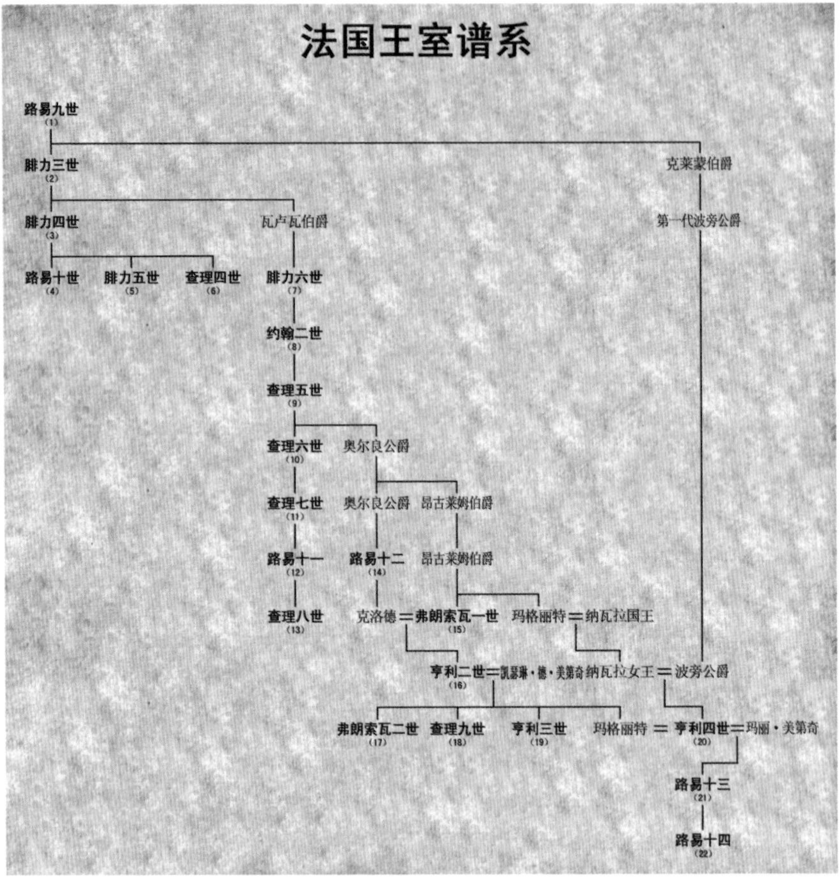

又经过4年残酷战争，新教国王亨利四世始终无法征服天主教的巴黎。他终于意识到只有宗教和解才能拯救法国。1593年，亨利四世宣布放弃新教信仰，“改宗”受到大多数法国人信仰的天主教。他宣称：“巴黎值得一场弥撒。”1594年，法国宗教战争结束，亨利四世终于入主巴黎。1598年，亨利四世发布著名的《南特敕令》（Édit de Nantes），宣布天主教为法国国教，但同时允许胡格诺派拥有信仰的自由。当邻国神圣罗马帝国、尼德兰和英国依然深陷于宗教战争的泥潭之中时，法国首先获得解脱，重新恢复秩序，并将在两代人之后的路易十四时代登上欧洲的巅峰。

15-2 巴黎的“新桥”

亨利四世即位后，一方面继续建设卢浮宫，另一方面开始有计划地进行巴黎的城市建设。他的第一个项目是位于塞纳河上西岱岛西端的一座新桥。这座桥梁最早是在亨利二世时代规划的，用来缓解塞纳河两岸的通行压力，但直到亨利三世时代才开工建造。由于战争影响，工程时断时续，亨利四世入主巴黎之后才得以顺利推动。

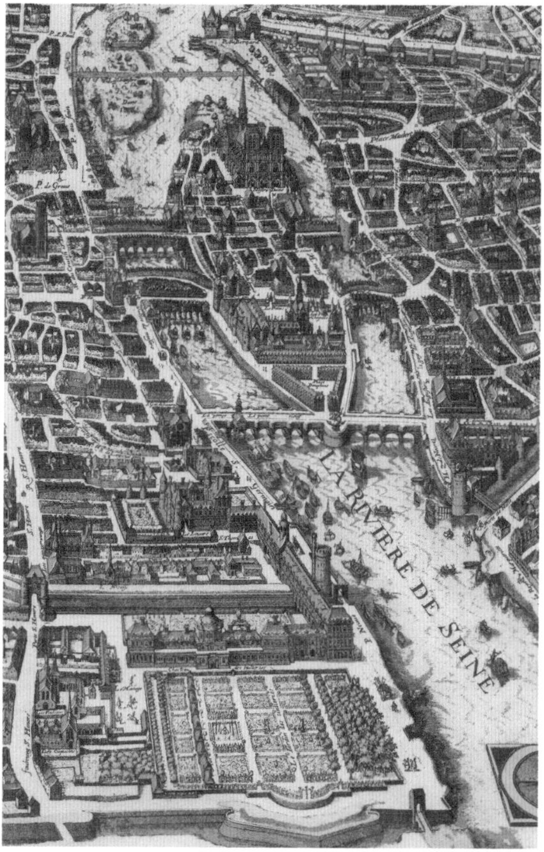

1615年由M. Merian绘制的巴黎地图局部，图中可以看到塞纳河上除『新桥』外的其他桥梁桥身两侧都布置有店铺，画面下方为建设中的卢浮宫

按照那个时代西欧的建桥传统（比如前面介绍过的佛罗伦萨老桥和威尼斯里亚托桥），原计划是要在桥身的两侧建造商铺。亨利四世改变了这个惯例，他要求桥面敞开，并且在车行道两侧铺设加高的人行道——这是罗马帝国灭亡以后首次出现人行道的概念——以便于人们站在桥上欣赏塞纳河两岸的城市和建筑景象，尤其是塞纳河北岸正在建设的卢浮宫。这是城市建设史上一个意义重大的变革，意味着人们从此不再仅仅把河流当作是障碍，不再仅仅把桥梁当作是克服这道障碍的交通工具，而是通过桥梁建设将河流与城市景观紧密联系起来，使河流从此变成为城市中最宜人的“街道”，沿河建

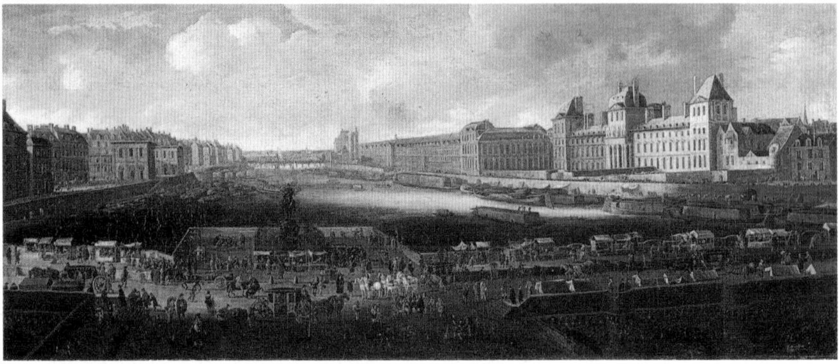

从新桥向西眺望，右岸为卢浮宫（画作约作于1666年）。画面中可以看到耸立于西岱岛西端的亨利四世像，右侧可以看到桥身上向外突出的观景台

筑从此变成为城市中最美丽的风景线。历史上第一次，一座城市被一座桥梁重新定义。[39]23

1607年这座桥梁建成通车，当时被恰如其分地称为“新桥”（Le Pont Neuf），而今天已然是巴黎仍在使用中的最老的桥梁。

15-3 巴黎的孚日广场

亨利四世时代的另一项影响重大的工程是在巴黎城东修建的皇家广场（Place Royale，法国大革命时更名为孚日广场“Place des Vosges”，用以纪念第一个响应缴纳革命税号召的孚日省，圣女贞德就出生在这个省）。这座广场的所在地原本建有一座名为图奈尔的王宫建筑（Hotel des Tournelles），查理六世曾在这里长期居住，毗邻有名的巴士底城堡（Bastille）。1559年，亨利二世在这座建筑前举行的马上比武中不幸丧命。悲伤的凯瑟琳·德·美第奇下令将它拆除。亨利四世即位后，为了促进巴黎的经济发展，他看中这个地区所具有的发展潜力，准备在此大力推动丝绸产业，建造丝绸作坊和商人住宅。1605年，亨利四世下令在旧图尔奈宫花园建造广场。他要求这座广场能够实现三个主要目标：美化城市、为城市公共庆典活动提供场所以及为市民提供休闲空间。

这座广场的平面呈正方形，四面都由建筑环绕，一条东西向的道路在广场北侧穿过，广场南北侧中央则设有拱门，可与外界道路相接。广场每一面各有九栋建筑，每一栋建筑都是由购买者自行建造，但是按照国王的命令，所有建筑第一层均用作商业用途，二层以上为住宅；同一面的所有建筑均紧紧相连，共用隔墙；所有建筑立面要整齐划一，在整体上尽量保持对称。

1610年5月14日，亨利四世被一位对他的宗教宽容政策不满的天主教狂热分子刺杀，由他年仅9岁的儿子路易十三（Louis XIII，1610—1643年在位）继承王位，亨利四世的王后玛丽·德·美第奇（Maria de' Medici，1575—1642，她是佛罗伦萨大公科西莫一世的孙女）成为摄政。1612年4月5日孚日广场建造完成，玛丽王太后下令在此举办盛大仪式庆祝路易十三与西班牙公主奥地利的安娜（Anne of Austria，1601—1666）订婚。数以万计的巴黎市民涌入广场争相目睹这一空前盛况。

由皇家广场第一批住户之一的Claude Chastillon从他所居住的广场东翼方向绘制的路易十三订婚礼盛况，据他目测，有7万人参加了这场订婚礼

孚日广场，从中央向西北方向看

这座被巴黎市民赞誉为“世界上最可爱的”皇家广场开创了欧洲城市建设的新纪元，成为在专制君主英明统治下的和谐安宁而秩序井然的城市新生活的写照。在它建成后，许多贵族慕名而来在附近建造住宅，使这块原本沼泽遍布的地区（1630年起被称为“玛莱区”Le Marais，字面意思是“沼泽区”）迅速成为巴黎上流云集的时尚中心。

15-4 巴黎的圣路易岛

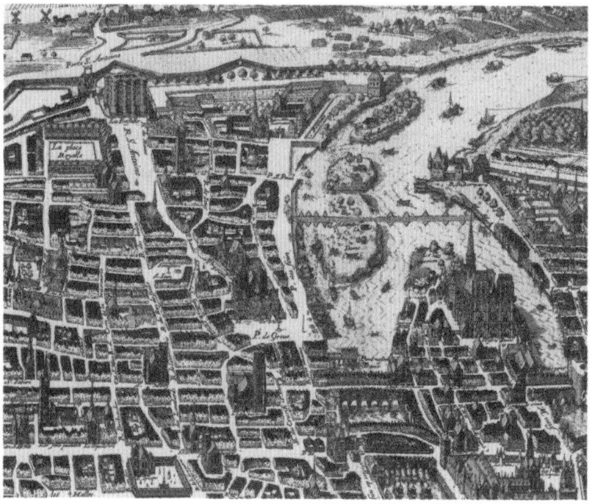

1615年M. Merian绘制巴黎地图局部，图中可见马里计划建设的桥梁，当时两座小岛尚未合体。画面左侧可以看到皇家广场

在皇家广场建设的同时，亨利四世又将城市开发的目光投向塞纳河上西岱岛东侧的两座小岛。他委托克里斯托夫·马里（Christophe Marie，1580—1653）为工程总承包商，计划将这两座岛合二为一，然后予以开发建设，使之成为有别于中世纪旧城混乱无序

从东侧鸟瞰圣路易岛（近景）和西岱岛，近处桥梁为19世纪建造（摄影：J-S. Evrard）
圣路易岛上的街道和建筑如今仍然完好地保持着17—18世纪时的样貌

的新型城市样板。亨利四世的遇刺并未中止这项工程。马里首先对这两座小岛进行改造，在将其连接的同时，修整岛的边缘线，使其南北两侧互相平行，以利后续开发建设。他将连接后的小岛（以后被称为“圣路易岛”Île Saint-Louis）东西两端处理成斜面，以调节河流走向，方便船只通行。与此同时，他还在岛的中部修建与两岸连接的桥梁，并于1635年建成，以他的名字命名为“马里桥”（Pont Marie）。马里还为岛上规划了一纵三横四条街道，每条街道都有7.5米宽，比当时巴黎旧城的其他街道足足宽出一倍。马里还在岛上预设了公共喷泉、公共澡堂、运动场等公共设施，甚至还在码头停泊了一艘洗衣船。[39]76 在这些基础设施完成后，岛上的8个街区被分成133个地块开始销售。这些地块普遍采用较宽的比例，以改变中世纪传统狭长局促的住宅布局。没用多长时间，这些地块就销售一空，100多座新型房屋拔地而起，原本荒芜的小岛眨眼间已然自成一座城市。这些住宅中的大部分都是出自建筑师路易·勒·沃（Louis Le Vau，1612—1670）之手。由于客户们都是财力雄厚的权贵，勒·沃放弃了传统的木造住宅技术，转而使用较为昂贵的白色石材。这样一种外观新颖而风格统一自成一体的城市街区建筑做法迅速引起大家的关注和效法，最终在19世纪发展成为巴黎全城的统一风格。

15-5 巴黎的圣热尔韦和圣普罗泰教堂

圣热尔韦和圣普罗泰教堂正立面

在宫殿城堡接受文艺复兴式样以后很长时间，法国的教堂仍然习惯采用本国创造的哥特样式。1616 年由萨洛蒙·德·布罗斯（Salomon de Brosse，1571—1626）设计的圣热尔韦和圣普罗泰教堂（Saint-Gervais-Saint-Protais）是法国第一座采用意大利立面风格建造的教堂，而这个时候意大利已经开始进入巴洛克时代了。

15-6 巴黎的索邦教堂

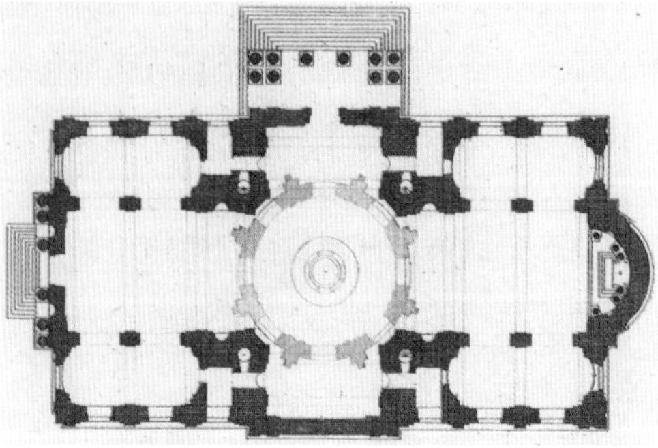
巴黎索邦教堂平面图（J. Marot 绘于 17 世纪）

巴黎大学索邦学院（College of Sorbonne）创办于 1253 年。1622 年，红衣主教黎塞留（Cardinal Richelieu，1585—1642）就任索邦学院院长。他对校园建筑进行翻新改建，其中的教堂于 1635 年建造，建筑师是曾经留学罗马的雅克·勒默西耶（Jacques Lemercier，1585—1654）。这座教堂不仅在立面上采用了意大利的巴洛克风格做法，在平面布局上也完全摆脱了传统哥特风格。由于教堂的侧面朝向大学庭院而正面临街，所以它的平面呈纵轴拉长的对称十字形，中央是主穹顶——这是巴黎第一座教堂穹顶。两个圣堂分别位于长轴和短轴的尽端，四个角分别设有矩形的礼拜堂。

巴黎索邦教堂西立面

1624 年，黎塞留被路易十三任命为首相，成为法国的实际统治者。他是法国历史上最伟大的政治家，对内强力打压传统的封建割据势力，加强中央集权；对外则致力于打破哈布斯堡王朝对法国的战略包围，为即将到来的路易十四强盛时代打下坚实基础。

第十六章 路易十四时代

“我们这个时代可不是一个汲汲于小东西的时代。”

奥地利的安娜与小路易（约绘于1639年）

16-1 巴黎的圣宠谷教堂

1638年9月5日，在结婚23年接连生下4个死胎之后，路易十三的王后奥地利的安娜终于诞下一个健康男婴。4年半后，这位男孩继承父亲王位，称为路易十四（Louis XIV，1643—1715年在位），国家权力由摄政母后和首相儒勒·马扎然红衣主教（Jules Mazarin，1602—1661）把持。为表达对上苍的感激之情，

1645年，奥地利的安娜委托建筑师弗朗索瓦·芒萨尔（François Mansart，1598—1666）在塞纳河南岸修建巴洛克风格的圣宠谷教堂（Val-de-Grâce），其穹顶由勒默西耶设计。

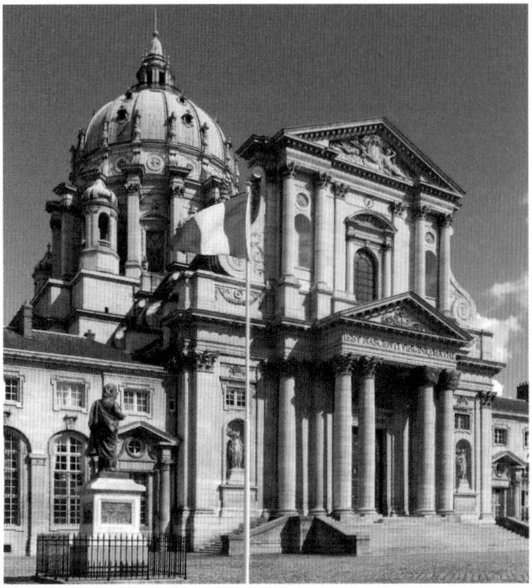

巴黎的圣宠谷教堂（摄影：Poulpy）

16-2 沃子爵城堡

1658年，时任财政总管尼古拉斯·富凯（Nicolas Fouquet，1615—1680）在他的子爵领地沃（Vaux）修建一座新型城堡——沃子爵城堡（Château de Vaux-le-Vicomte）。他请来三位当时第一流的艺术家担任设计工作：建筑家路易·勒·沃负责建筑设计，画家查尔斯·勒·布伦（Charles Le Brun，1619—1690）负责室内装饰，园林家安德烈·勒·诺特尔（André Le Nôtre，1613—1700）负责园林设计。

城堡的主体建筑也是采用严谨的轴线对称造型，但是与帕拉第奥时代的文艺复兴式设计有所不同。以圆厅别墅（参见119页平面图）为代表的意大利文艺复兴设计可以说是“以自我为中心的安静的设计”，主穹顶端坐在空间的中心。而沃子爵城堡则不一样，它的入口部分深深地向内凹陷，而主要空间大穹顶则明显地向后移动，突出于背立面之外。这样一来，整个构图就不再是一个均衡的稳定形态，而是沿着纵轴线向后形成运动趋

沃子爵城堡，从东北方向鸟瞰（摄影：B. Gardel）

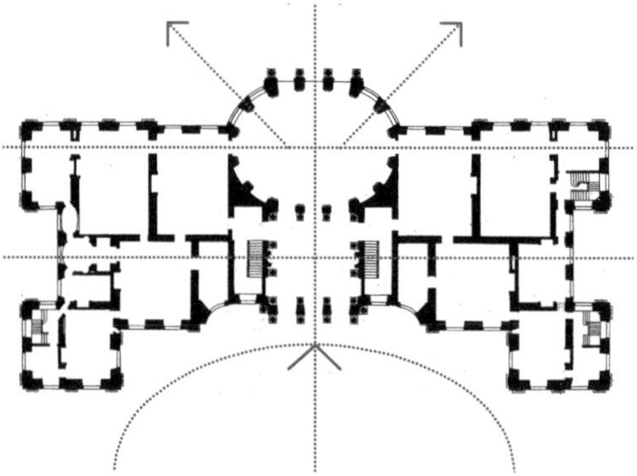
沃子爵城堡平面图

势和紧张感：对入口前方空间的“拥抱和占有”，以及对后方大花园的主宰控制。

由勒·诺特尔设计的城堡花园在继承意大利文艺复兴园林设计的基础上继续向前发展，开创了法国古典主义园林设计的新时代。它的最大特点就是主体建筑和中央轴线控制一切，中轴线从城堡建筑突向后方的椭圆形大厅开始，由北向南一路直达1000米外的大力神赫拉克勒斯像。中轴线两旁花坛、雕塑、喷泉、水池布置完全对称，形成一个秩序严谨、脉络分明、主次有序的格局。意大利文艺复兴式园林也讲究轴线和几何构图，但是那种轴线很大程度上只是几何图案本身所固有的，只是一种客观存在。这样的花园只能说是有一个较大的排场，但从未试图去体现主体建筑君临一切的气派和宏大。而这种君临一切的气派和宏大恰恰是法国古典主义的基本特征。另一方面，对于意大利文艺复兴园林设计来说，园林自身的美感营造固然重要，很多时候更看重的是从园林这个内部平台去眺望

沃子爵城堡花园全景，从北侧鸟瞰（摄影：L. Lagarde）

沃子爵城堡花园全景，从城堡大厅向外眺望（摄影：Bambi à Paris）

更为广阔的外部景观。而以沃子爵城堡花园为代表的法国古典主义园林则将一切焦点都集中在园林自身上，它的最佳观赏点就是主体建筑向外突出的椭圆形大厅。从这里望出去，整个外部世界井然有序，一切尽在主人的掌握之中。关于这种中央轴线控制一切的园林布局，陈志华教授有一段精彩的评价："那是一个刚刚摆脱了封建内战，在一切方面建设现代化的国家和社会的时代，不允许有一点混乱、一点违拗的时代；那是一个科学开始突飞猛进，人们对自己的认识能力、自己的理性有了充分信心的时代，

沃子爵城堡，从花园向城堡方向远眺（摄影：S. Sonnet）

是哈维、培根、开普勒、伽利略、笛卡尔、波义耳和牛顿发现自然的规律性、向无知愚昧开战的时代，不允许有一点暧昧不清、一点游移不定；那是一个漂洋过海、舍生忘死向外拓殖、开发的时代，是一个‘干大事业’的时代，凡事要有气魄。勒·诺特尔的园林，就是那个时代的审美表现。”[33]153

1661年8月17日，得意扬扬的富凯邀请刚刚开始亲政的国王路易十四和其他6000名宾客一同参加城堡落成庆典。这是法国历史上最壮丽的庆典之一，戏剧家莫里哀（Molière，1622—1673）率剧团演出专门编写的剧本助兴，1200座喷泉在花园中一齐喷洒。宴会的排场和花园的奢华令23岁的路易十四目瞪口呆，法国所有的城堡都相形见绌。宴会结束后，路易十四将富凯逮捕入狱，以侵吞公款之名将其终身监禁，沃子爵城堡则被没收（10年之后归还其家人）。路易十四的时代开始了。

16-3 “太阳王”

贝尼尼1665年创作的路易十四像

1661年3月，首相马扎然去世，23岁的路易十四自兼首相，成为法国至尊无上的君主，自号“太阳王”（Le Roi Soleil）。他在位前后长达72年（其中独掌大权54年），在此期间，法国成为全欧洲最强大的国家，在政治、军事、文化和艺术领域的影响力都达到历史巅峰，被伏尔泰称誉为是有史以来“最接近尽善尽美的时代。”[2]3

16-4 巴黎的卢浮宫东廊

为了适应绝对君权专制的新形势，法国建筑家在汲取了意大利巴洛克艺术精华的基础上，发展出一种以表现王权的伟大为目标，以注重理性、崇尚柱式、讲究轴线、追求宏大为特征的具有高度纪念性的古典主义（Architecture Classique）新风格。其首要代表就是卢浮宫东廊（La Colonnade du Louvre ）。

路易十四扩建卢浮宫东廊（模型制作：R. Munier & S. Polonovski）

贝尼尼为卢浮宫东廊设计的三个方案

1664 年，路易十四决定拆掉旧卢浮城堡的东段，扩大庭院并重建新的东侧立面。法国宫廷邀请当时有名的意大利巴洛克建筑师贝尼尼前来巴黎进行设计。贝尼尼先后提出三个设计方案，其中以第一个方案最具特点，建筑中央和两翼向前突出，三者之间用弧形凹陷的走廊相连，中央部分呈椭圆形使两侧曲线得以连续。这一方案充分表现了贝尼尼作为伟大巴洛克艺术家所具有的独特的空间塑造能力。但这个方案并不符合法国人的欣赏口味。1667 年，法国宫廷决定采用法国

卢浮宫东廊（摄影：J. Dietrich）

建筑家克劳德·佩罗（Claude Perrault，1613—1688）的设计方案（勒·沃和勒·布伦作为共同合作者）将其建成。这个立面高 28 米，上下分为三层，底层是基座，高 9.9 米；中间是 13.3 米高的科林斯双柱式；坡屋顶角度很平，几乎隐藏在女儿墙后，这种意大利式的屋顶做法显然是受贝尼尼的影响。立面横向长 172 米，分为五段，两端和中央各自向前突出，三者之间用平直的柱廊相连，中央部分冠以神庙式山花。这个立面造型冷峻威严，令人联想起罗马帝国的赫赫天威，突出反映以君主为中心的社会秩序，是路易十四时代绝对君权专制（Absolute Monarchy）下的现实写照。

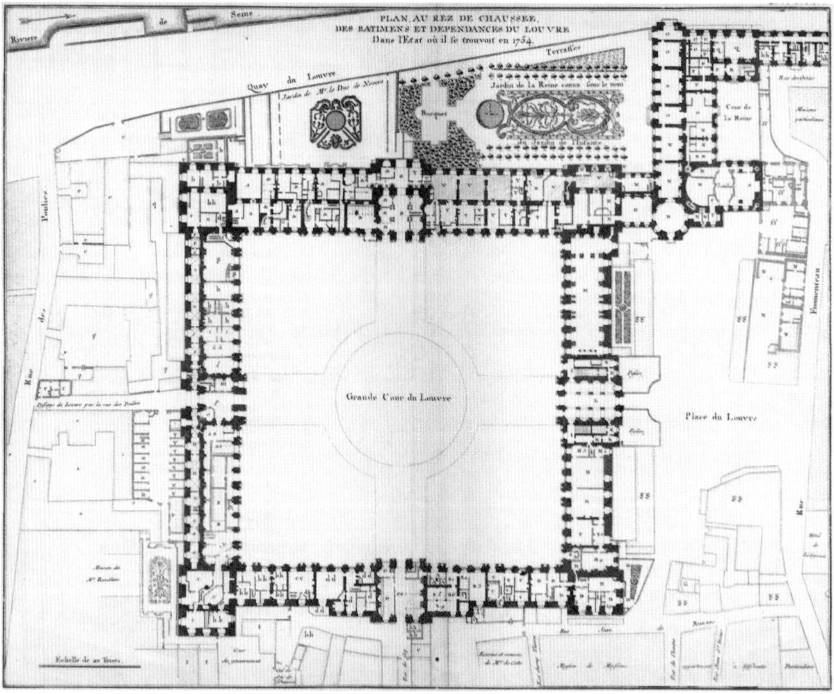

卢浮宫卡雷庭院平面图，左侧为东向（图纸出版于 1754 年）

16-5 凡尔赛宫

尽管卢浮宫已经建成，但是路易十四并不喜欢住在这里，因为这个地方总让他联想起童年时代所经历的投石党叛乱（Fronde）。1648—1653 年，乘新王年纪尚幼，不满君主专制的贵族们鼓动巴黎市民武装暴动向国王权威挑战，国家两度陷入内战。路易十四被迫逃离巴黎，一度不得不典当珠宝，与母后席草而眠。在受到富凯宏大无比的沃子爵城堡刺激之后，路易十四下定决心要建造一座空前壮丽的宫殿以彰显王权至高无上，并以此震慑一切胆敢再向国王权威挑战的势力。在因设计富凯花园而给国王留下至深印象的造园家勒·诺特尔的建议下，路易十四选择水草茂盛、林木苍郁的凡尔赛（Versailles）兴建新宫，曾经为富凯设计和装饰城堡的建筑家勒·沃和画家勒·布仑分别担任建筑和室内装饰设计，勒·诺特尔负责园林设计。

凡尔赛位于巴黎西南约 20 公里处。1624 年，路易十三在这里建了一座小猎庄，而后在 1634 年进行改扩建，面向东方形成三合院（大理石院 Marble Courtyard）。在这个基础上，1664 年，勒·沃在院子的前方增建了两座建筑以供仆人和马夫使用，形成一个范围更大也更加气派的前院（皇家庭院 Royal Court）。1669 年，路易十四要求对凡尔赛宫进行更大规模的扩建以满足他越来

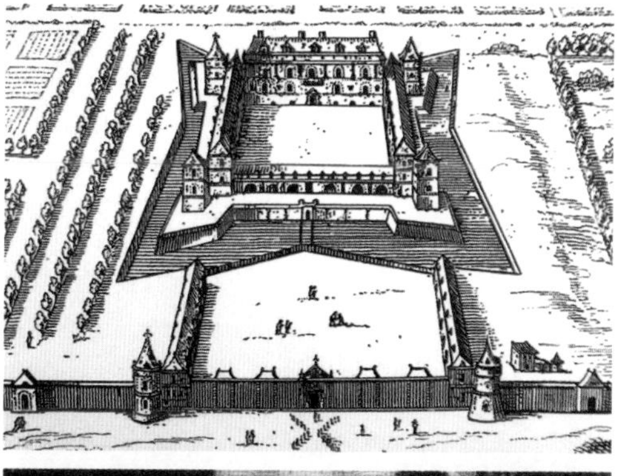

路易十三时代的凡尔赛宫（J. Gomboust 绘于 1652 年）

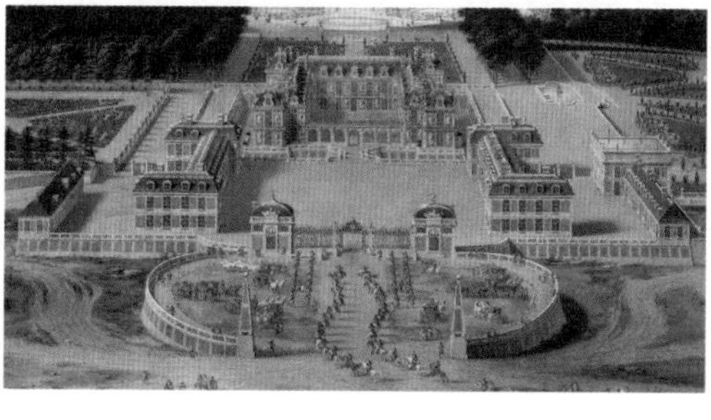

1668 年的凡尔赛宫（绘画：P. Patel）

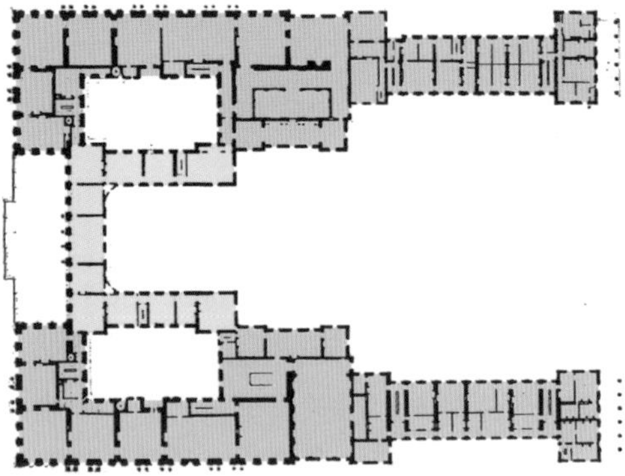

1669年第二次改建后的凡尔赛宫主体部分平面图，中央灰绿色部分为路易十三的三合院

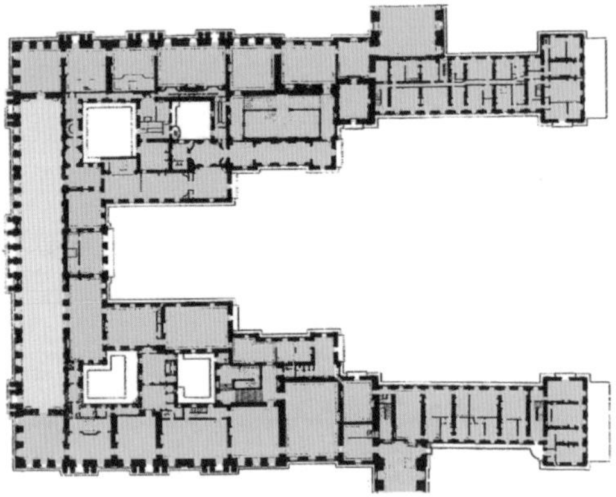

1678年第三次改建后的凡尔赛宫主体部分平面图，左侧暖灰色为大镜厅

位于原路易十三三合院正中的路易十四寝室

越频繁的访问和使用需求。按照路易十四的要求，勒·沃保留了原三合院的整体结构，在其北、南两侧各增加了分别由7个大房间组成的大套间（位于主楼层所在的二楼），称为“国王大套间”（Grand appartement du roi）和“王后大套间”（Grand appartement de la reine），两者之间由一个朝西的大露台相连。

1678年，随着路易十四家庭成员日益增多，凡尔赛宫又开始了第三次扩建。接替勒·沃担任建筑设计的儒勒·哈杜安·芒萨尔（Jules Hardouin-Mansart，1646—1708，他是弗朗索瓦·芒萨尔的侄儿，一般将其称为小芒萨尔以示区别）将三合院南北两翼原有的格局进行调整，增加了许多新的房间。他将勒·沃设计的大露台取消，代之以一个由19个开间连为一体的长76米、宽10.5米、高12.3米的大厅，以朝向花园一侧的17扇落地拱形窗与朝向卧室一侧的17面假窗形大镜子相映生

凡尔赛宫大镜厅

辉，称为“大镜厅”（Galerie des Glaces）。大镜厅的装修由勒·布仑负责，极尽豪华，到处是镀金的装饰，家具陈设当时都是银制的，拱顶装饰着歌颂国王的功绩画，24 套波希米亚水晶吊灯至今仍闪烁着炫目耀眼的光芒。

从西北方向鸟瞰凡尔赛宫主体建筑

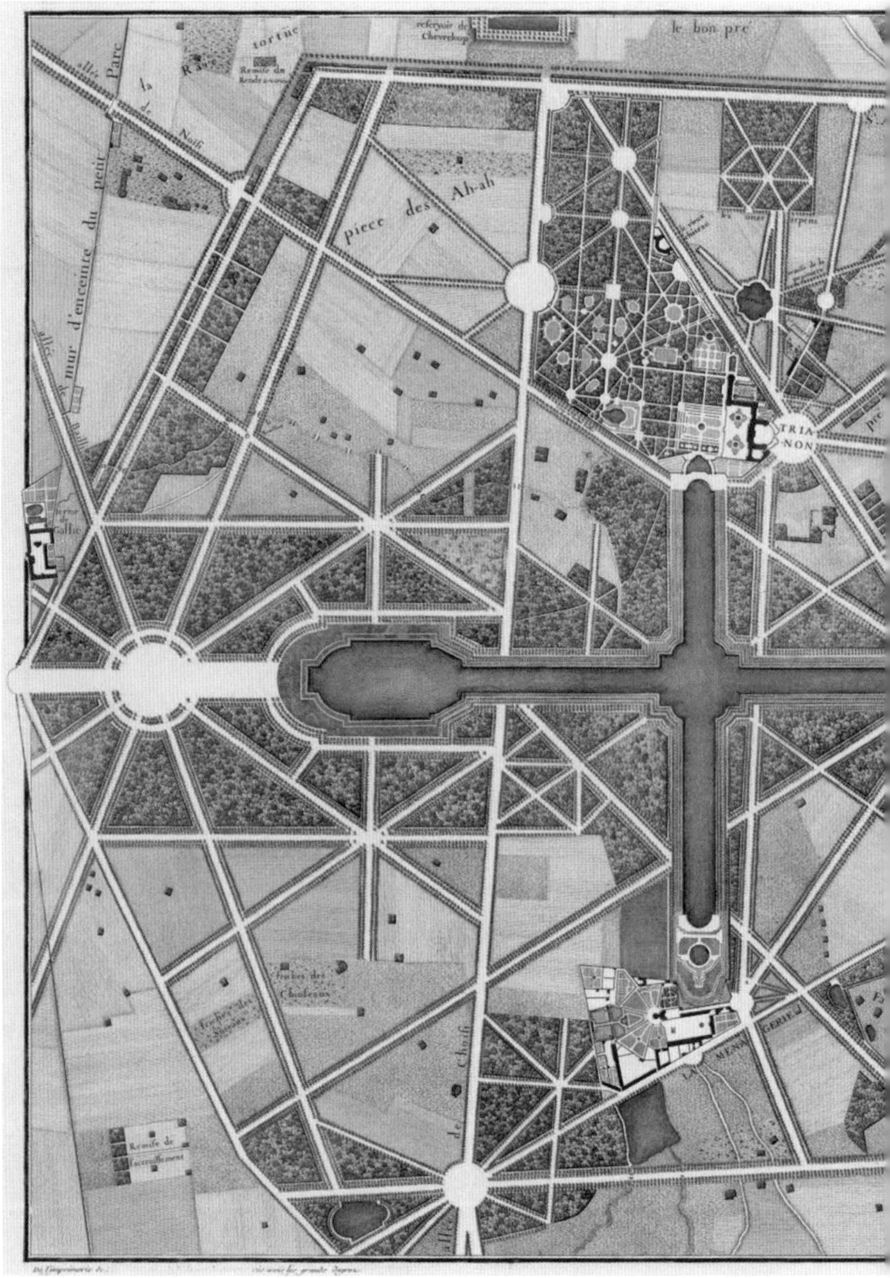

凡尔赛宫总平面图，花园的平面布局深刻影响了 100 多年后诞生的美国首都华盛顿的城市规划（J. de Lagrive 绘于 1746 年）

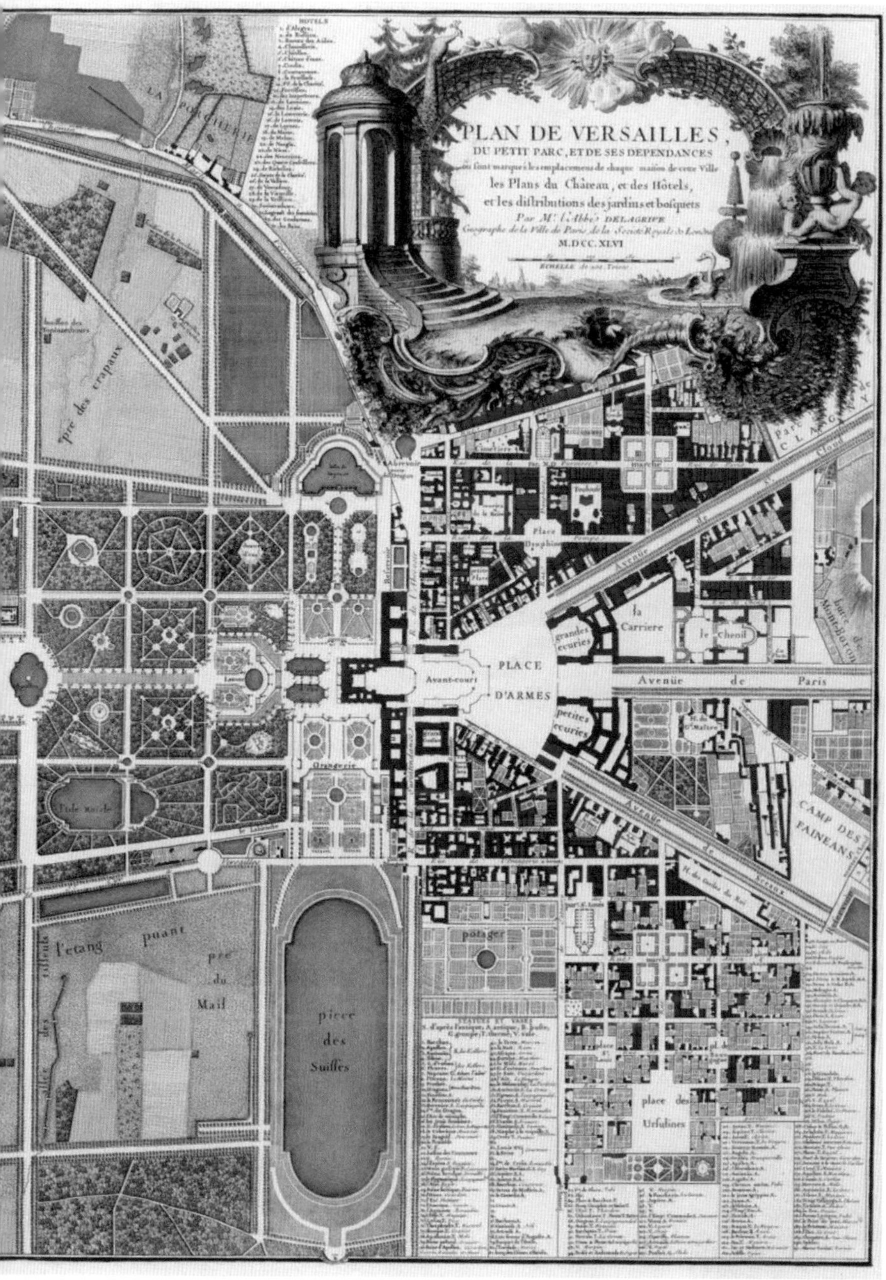
PLAN DE VERSAILLES,
DU PETIT PARC, ET DE SES DEPENDANCES
les Plans du Château, et des Hôtels,
et les distributions des jardins et bosquets
M.DCC.XLVI
HOTELS
pre des crapaux
PLACE
D'ARMES
Avant-court
grandes ecuries
petites ecuries
la Carriere
le Chenil
Avenüe de Paris
CAMP DES FAINEANS
Orangerie
potager
piece des Suisses
place des Ursulines
l'etang puant
pre du Mail

1683 年的凡尔赛宫，从东向西眺望（绘画：W. Swidde）

1682 年，路易十四下令将整个宫廷迁入凡尔赛宫，卢浮宫从此不再作为王宫使用，所有王公贵族都一同从巴黎迁居凡尔赛，以便他更有效地进行集权统治。已经在自己的领地内为所欲为逍遥自在了 1000 年的法国贵族们从这时候起不再能够以国王的封臣自居，而变身为国王的朝臣。为了容下整个朝廷的全体要员和王室家族居住使用，除了对已有的建筑各楼层布局再次进行精细调整以尽可能充分使用外，小芒萨尔将宫殿向南北两个方向伸展，最终形成总长 402 米的空前宏大的建筑联合体。在新建的北翼内还建有礼拜堂和剧场（最终在路易十五时代建成）。改造后的凡尔赛宫西立面具有与卢浮宫东立面相似的气派和威严，它较南北两翼在向西突出约 90 米，深深“扎进”由勒·诺特尔设计的园林。在宫殿东侧通往巴黎的道路两侧，小芒萨尔还为更多的没有能够挤进凡尔赛宫的达官贵人和他们的仆役们修建了三座规模宏大的大型住宅联合体。路易十四还买下邻近的地块提供给贵族们自己建房，并给他们规定了统一的立面形式。

继富凯之后担任法国财政大臣的让 - 巴普蒂斯特·柯尔贝尔（Jean-Baptiste Colbert，1619—1683）有一句名言：“我们这个时代可不是一个

凡尔赛宫大花园（绘于19世纪）

汲汲于小东西的时代”，勒·诺特尔设计的凡尔赛宫大花园就是这句话最好的注解。作为法国古典主义园林的杰出代表，凡尔赛宫大花园以规模宏大、轴线分明、秩序井然而著称，突出地体现了路易十四时代绝对君权专制一切的思想。花园以宫殿突出的部分为主轴起点，向西延伸长达3000米，中间是一条东西长1650米、南北长1000米、宽62米的十字形大运河（Grand Canal）。中轴线两侧的绿地、水池构图看似相仿而不尽相同，于统一之中富含变化，遍布其中的1400座喷泉更是为园林增添了无穷魅力。

虽然凡尔赛原址本是一处沼泽地，但是该地并没有河流流过，这就给宫殿和花园日常用水带来了巨大难题。在将邻近地区所有可资利用的水源全部用尽也远不敷用之后，路易十四和他的建造者们不得不将目光投向塞纳河。从距离上看，凡尔赛宫与塞纳河之间相隔不过10公里，但是凡尔赛宫位于高地之上，地势比塞纳河水位整整高出150米，不到万不得已，在那个时代是不会有人动塞纳河的主意的。1679年，一位来自比利时列日（Liège）的商人阿诺德·德·维尔（Arnold de Ville，1653—1722）来到路易十四的宫廷。他向国王展示了一件由工程师雷内昆·萨勒姆（Rennequin Sualem，1645—1708）发明的液压水泵，萨勒姆曾经用它在比利时煤矿的矿坑中抽水。路易十四被德·维尔说服，批准了这件闻所未闻且耗资巨大的计划。他们在凡尔赛宫北面的塞纳河弯曲部马尔利（Marly）找到一块

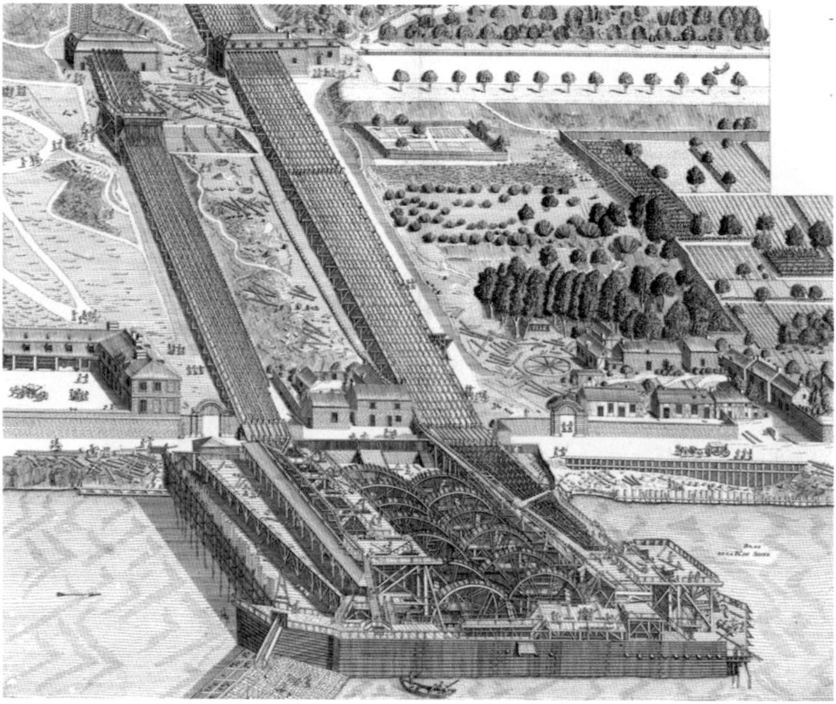

马尔利抽水机（绘于1682年）

理想的场地，在这里的河面上有一道长10余公里的沙洲将塞纳河分成两支。他们将其中的一支保留作为航运使用，而在靠凡尔赛的一支上筑坝以提升水位，然后在出水口安装14个明轮，在岸坡上分三级（每级50米高差）一共安装了259个水泵，利用河水推动明轮所提供的动力使水泵活塞做往复运动，每天可以将大约5000吨河水提升到150米高的河岸高地上，然后再通过水道桥输送到凡尔赛。这套被称为马尔利机（Machine de Marly）的了不起的设备在震耳欲聋的轰鸣声中平稳运行了100多年，直到19世纪初才被新的装置所取代。

凡尔赛宫建成后，路易十四在这里一如既往地勤奋工作，每天工作8小时，每周6天，几乎从不间断。其余时间则积极参加凡尔赛宫所举行的各种游园、宴会、舞会、音乐会、歌舞剧、网球、游泳或牌戏活动。路易十四是芭蕾舞爱好者，他下令创办皇家舞蹈学院培养舞蹈人才，自己也曾经在40个剧目中扮演过80个角色。他给予艺术家、音乐家、剧作家和诗

1674年7月4日在凡尔赛宫大理石院上演吕利的歌剧《阿尔切斯特》（Alceste）（J. Le Pautre 绘于1674年）

人们以极高的礼遇。他授予意大利出生的作曲家让-巴普蒂斯特·吕利（Jean-Baptiste Lully，1632—1687）国王秘书的头衔。当其他贵族出身的秘书们表示抗议时，路易十四对吕利说：“我把你这样一个天才放在他们中间，是给他们荣耀，而不是给你。”[40]38 建筑家小芒萨尔于1682年被授予伯爵头衔。当贵族们对此表示不满时，路易十四对他们说：“我在15分钟内可以册封20个公爵，但法国要数百年才能造就一个芒萨尔。”[40]102 路易十四发明出一项又一项令人

路易十四像（H. Rigaud 绘于1701年）

凡尔赛大花园中游玩的人群（绘于18世纪）

眼花缭乱的宫廷礼仪，所有的王公贵族们都以能够在这些仪式中陪侍国王而为自己的最大荣幸，也只有这样他们才能够得到他们想要得到的东西，再也没有了反叛的念头。

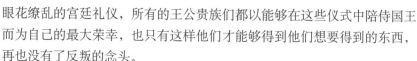

一位威尼斯驻法国的大使在写回本国的报告中描写道："在凡尔赛宫的长廊里燃烧着几千支蜡烛。它们照耀在满布壁上的镜子里，照耀在贵妇和骑士们的钻石上，照得比白天还亮，简直像是在梦里，简直像是在魔法的王国里。美和庄严的气氛在闪烁发光。"[41]149 能够参观这一切的人并不仅仅局限于王公贵族。路易十四下令："我赐予臣民，不分贵贱，均有自由在任何时候亲自或书面向我进言。"[40]19 普通的巴黎市民只要衣着整洁，都可以前往参观凡尔赛宫。

路易十四在凡尔赛宫大使阶梯接见大孔代亲王（J.-L. Gérôme 绘于1878年）该楼梯间已在1752年被改造他用

凡尔赛宫是法国绝对君权时代的纪念碑，是欧洲最宏大、最辉煌的宫殿，代表当时欧洲"最强大的国家、最权威的国王和最先进的文化。"[41]149 他有足够的理由为他亲自打造的这座全世界最美的宫殿而骄傲。但法国人民却为此付出了“极高的代价”。为了建筑凡尔赛宫，全国赋税的一半都被充作营建费用。路易十四死后 74 年爆发了法国大革命，这座宫殿被废弃，有人曾经提议要将其拆毁，但它最终还是幸存下来，并且见证了德国统一和《凡尔赛和约》等许多重要的历史事件。

16-6 勒·诺特尔

安德烈·勒·诺特尔是法国最伟大的园艺家，是他将园林创作者的地位，从处于社会下层的手工艺人阶层，提升到能够跟建筑家、画家和雕塑家平起平坐。法国人赞赏地称他为“国王的园丁，园丁的国王。”他最大的贡献是将贵族气息的意大利式花园成功地改变成为能够适应国王

勒·诺特尔画像（C. Maratta 绘于 1680 年）

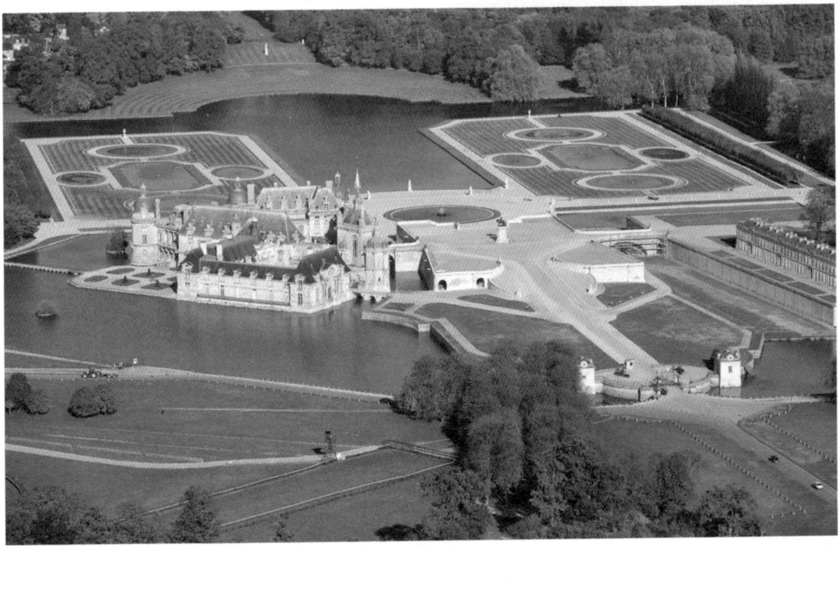

勒·诺特尔为路易十四时代有名的大孔代亲王设计的尚蒂伊城堡花园

勒·诺特尔设计的巴黎杜伊勒里宫大花园，中轴线远处可以看到他设计的香榭丽舍林荫大道（A. Perelle 绘于 17 世纪）

身份和气派的皇家园林，使法国超越意大利，登上园林艺术的巅峰，成为欧洲无数帝王竞相效法的对象。

身为园丁之子，勒·诺特尔从没有忘记自己的本分。当路易十四授予他贵族称号时，他选用来作为纹章图案的是蜗牛和铁锹。他说："正是靠了这把铁锹，我才获得陛下赐给我的一切恩典。"1700 年 7 月的一天，勒·诺特尔最后一次陪路易十四游览凡尔赛宫。两个人此时都已年老体衰，他们分别乘坐轿子，并肩而行。回顾自己的一生，勒·诺特尔百感交集，不由得大声喊道："啊！我可怜的爸爸！如果您还活着，能够看到一个可怜的园丁，我，您的儿子，乘着轿子走在世界上最伟大的君主的身边，那么我的喜悦就十全十美了。"[33]184 两个月后，这位伟大的园丁平静地离开人世，享年 88 岁。

勒·诺特尔的纹章

16-7 路易十四时代巴黎的城市建设

路易十四不喜欢住在巴黎，但并不代表他就对这座城市不管不顾。恰恰相反，在他当政期间，巴黎的城市建设突飞猛进，成为一座开放、时髦、浪漫和富裕之都。

1668 年，路易十四取得他亲政后的第一场对外战争——与西班牙之间就西属尼德兰的归属问题进行的遗产战争（The War of Devolution，1667—1668）——的胜利。凯旋回到巴黎后，他宣布这座城市从此无须再担心任何外敌入侵，因而下令拆除巴黎全部城墙。从古罗马时代建城开始，巴黎第一次成为一座完全敞开的城市。这是那个时代的欧洲人所无法想象的壮举。拆掉城墙之后，路易十四下令沿着旧城墙的位置建造一条宽敞的环城大道。受亨利四世建造新桥时在两侧设置专用人行道而大受欢迎的启发，路易十四下令在这条大道的两侧也设置宽敞的步行道，并在其上种植成列的榆树，从而形成林荫大道。这个举动是如此的新奇，以至于从此以后，“Boulevard”（原意为“城墙堡垒”）这个单词就变成“林荫大道”的专属名词。

灯夫正在点亮巴黎路灯（绘画：N. Guerard）

在这条环城林荫大道建设的同时，路易十四还下令将城内一些重要街道拉直、加宽和重塑建筑立面，并在塞纳河两岸修建专用的人行便道以提供居民散步使用。1667 年 10 月 29 日，巴黎市内的 912 条街道上的 2736 盏路灯同时点亮，不仅让城市延长美丽的时间，也让城市更加安全。从这时候开始，巴黎的路边商铺、咖啡馆和餐厅不再是一到晚上就关门休业，而是可以一直开到晚上 10 点以后。人们随时都可以逛街，“晚上出门的人和白天一样多。”巴黎市民从此爱上了步行的生活方式，即使是贵族老爷和夫人小姐们也愿意“走下马车，用双脚走路。”[39]17

1734—1736年由巴黎市长杜尔哥委托建筑师L. Bretez绘制的巴黎地图（原图采用1：400的比例绘制），图中巴黎城墙已经全部被林荫大道取代

1. 巴黎圣母院
2. 圣礼拜堂
3. 旧王宫
4. 新桥
5. 卢浮宫
6. 皇家宫殿
7. 杜伊勒里宫
8. 杜伊勒里花园
9. 香榭丽舍大街
10. 路易大帝广场（旺多姆广场）
11. 胜利广场
12. 皇家广场（孚日广场）
13. 环城林荫大道
14. 巴士底狱
15. 博韦公馆
16. 圣热尔韦和圣普罗泰教堂
17. 圣路易岛
18. 索邦教堂
19. 圣宠谷教堂
20. 四区学院
21. 荣军院

巴黎旺多姆广场（摄影：P.Simard）

1685 年，仿效亨利四世通过建设皇家广场（孚日广场）带动巴黎城区向东扩展的先例，路易十四在与皇家广场相对的巴黎城西购置土地开始规划建设一座新的皇家广场。该地址原本是位于查理五世和路易十三时代修建的两道城墙之间的一片田地。由于不久之后路易十四就陷入一场以一国之力对抗欧洲各主要列强的所谓“大同盟战争”（War of the Grand Alliance，1688—1697）而财力吃紧，这座广场的建设计划被搁置起来。1799 年，一个民间投资团体重启了这个项目，并将其命名为路易大帝广场（Louis le Grand）。新广场的建造方式与亨利四世的皇家广场相似，也是分块出售，然后各自负责自家住宅建设，由小芒萨尔统一进行立面设计。小芒萨尔自己也买了其中的一块基地。广场的平面为正方形，四个角都做斜角处理，一条街道从广场中轴穿过，广场中央耸立着路易十四雕像。1789 年法国大革命爆发后，雕像被推倒，广场也被以亨利四世时代此地最早的业主旺多姆公爵的名义改名为旺多姆广场（Place Vendôme）。1806 年，拿破仑将他在奥斯特里茨战役（Battle of Austerlitz）中缴获的 180 门大炮融化后，仿效古罗马皇帝图拉真建造的纪功柱的样子，铸造了一座 44 米高的青铜纪功柱立在广场中央，柱顶是他的雕像。1871 年这座纪功柱遭到毁坏，后于 1874 年按照原样恢复。

1678 年，路易十四在他参加的第二场大战法荷战争（Franco-Dutch War，1672—1678）中获胜，巴黎市议会授予他“大帝”称号。1685 年，巴黎市在皇家宫殿（Palais Royal）[㊀]邻近路口竖立起一座表现路易十四加冕的雕像，同时对路口周围建筑进行重建，形成一座圆形广场，称为胜利广场（Place des Victoires）。

巴黎胜利广场鸟瞰

这座广场周围的建筑立面也是由小芒萨尔统一设计，屋顶采用独具巴黎特色的折线式造型，其中第一级屋面特别陡峭。这种屋顶最早可能是莱斯科发明的，后来小芒萨尔的叔叔老芒萨尔将其定型并推广，故有“芒萨尔式屋顶”（Mansard roof）之称。它的好处有两个方面，一是更容易被从地面视角观看到从而丰富建筑的立面视觉效果；同时陡峭的第一级屋面设计便于在内部设置阁楼。按照巴黎一项法律规定，建筑檐口以上空间不被列入征税范围。许多人家趁机将其分隔成多个楼层对外出租，深受低收入者欢迎。一份19世纪的治安报告中曾经这样描绘这种建

巴黎的芒萨尔式屋顶（摄影：E. Lushpin）

㊀ 皇家宫殿位于卢浮宫北侧，原本是黎塞留红衣主教的府邸。他在去世前将其赠予路易十三，从此改名皇家宫殿。1692年，路易十四将其交给他的弟弟奥尔良公爵菲利普一世。

筑的居住状况："（低收入者）通常居住在建筑物的上层，其下层由商人和相对来说属于小康阶级的其他成员占用。在同一幢建筑物中赁屋而居的人中间产生了一种团结友爱的精神。邻居们在小事上互相帮助，工人生病或者失业时可以在楼中邻里找到援手。另一方面，一种身为人的尊严感，也始终规范着工人阶级的行为。"[42] 这是一举多得的好事。

16-8 巴黎四区学院

1661 年马扎然临终前留下遗嘱，用其遗产在塞纳河南岸修建一座新的大学，专门接受新近被并入法国的四个边境地区㊀的学生，称为"四区学院"（Collège des Quatre-Nations），并将其个人收藏的 25000 册图书全部捐出作为学院图书馆藏书向学者开放。1805 年，拿破仑将法兰西学院总部从卢浮宫搬到这里。

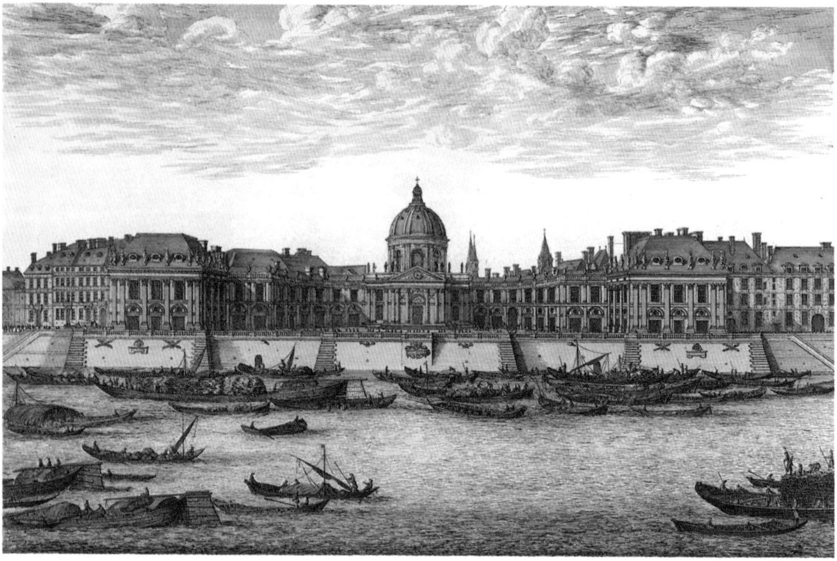

巴黎四区学院外观（I. Silvestre 绘于 1670 年）

㊀ 这四个地区分别是法国北部边境的阿图瓦（Artois）、东部边境的阿尔萨斯（Alsace）、东南边境的皮内罗洛（Pignerol）以及南部边境的鲁西永（Roussillon）。

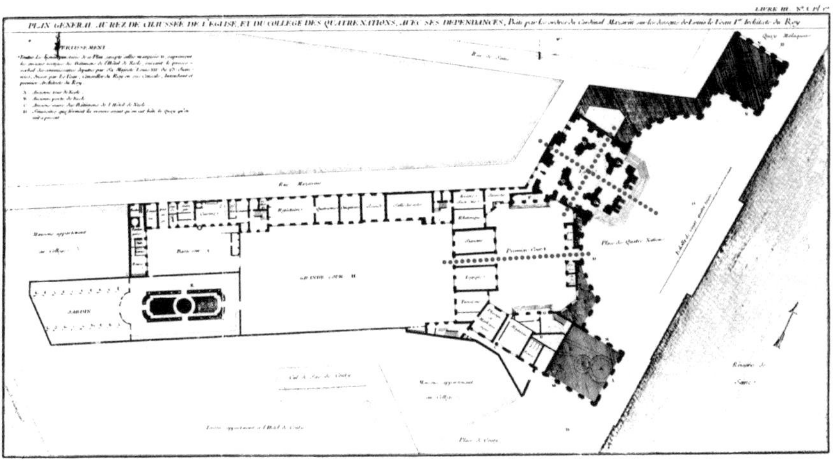

巴黎四区学院平面图（绘于17世纪）

四区学院建筑由勒·沃负责设计。在极其不规则的场地上，勒·沃通过灵活变换轴线和形状，赋予建筑应有的尊贵气派。其对复杂基地的把握能力令人叹服，称得上是想象力、智慧和体验的艺术。

16-9 巴黎荣军院

1670 年，路易十四决定为他的百战老兵和伤残军人们提供一个居住和康养场所，“将那些用生命和鲜血来保卫他们君王的将士们安置到这里，让他们在安静祥和的环境中度过他们的余生。”他委托建筑家利伯勒尔·布隆特（Libéral Bruant，1635—1697）设计这座荣军院（L'hôtel des Invalides），并于 1674 年建成投入使用，可以容纳大约 6000 人居住使用。

这座庞大的建筑综合体位于塞纳河南岸，轴线呈南北方向，主入口朝北。其正立面宽达 196 米，内部中央是一座宽大的荣誉庭院，两侧是四个大型居住院落，中轴线后方还有一座教堂。1676 年，小芒萨尔接替了布隆特的工作。他奉命在布隆特教堂的后方再加建一座皇家礼拜堂，并为其另设一个主入口，以方便路易十四进入。这座皇家礼拜堂是法国古典主义

巴黎荣军院，从西北方向鸟瞰

风格在教堂方面的典型代表。在方方正正的两层基座之上是高耸的鼓座和用镀金花环装饰的穹顶，最上方的尖顶距地面 107 米。教堂平面内采用希腊十字式构图，四角设有圆形礼拜室，它们除分别与十字臂体空间相通外，还在对角线方向与中央穹顶空间直接相连，使空间的向心性更加强烈。礼

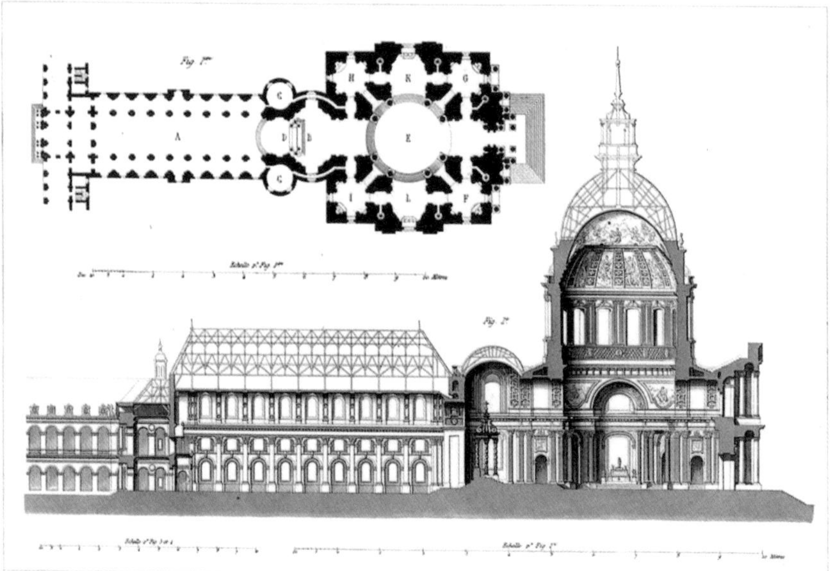

巴黎荣军院教堂平面图和剖面图（J. Bury 绘于 1852 年）

拜堂穹顶直径27.7米，结构分为三层，其中最下面一层用石头砌筑，中央开一扇直径16米的大天窗。透过这个天窗可以看见第二层用砖砌筑的穹顶，表面绘着圣路易将他战胜异教徒的宝剑献给基督的画面。由于在第二层穹顶的底部开窗，光线照入后将其表面照得比第一层穹顶更为明亮，造成空间高深缥缈的感觉。最外一层穹顶用木架支撑，表面覆铅皮。这种做法借鉴了威尼斯和拜占庭穹顶建筑的经验，能够在负重较小的情况下，取得更为高耸突出的外观效果。

巴黎荣军院教堂穹顶（摄影：S. Seco）

在穹顶正下方的地下室里，陈放着拿破仑的灵柩。1840年9月15日，在去世19年后，拿破仑的遗体被从南大西洋的流放地圣赫勒拿岛迁葬于此，在巨大的红色大理石棺周围，十二尊胜利女神像伫立长守。

巴黎荣军院教堂穹顶下的拿破仑灵柩（摄影：M. Erman）

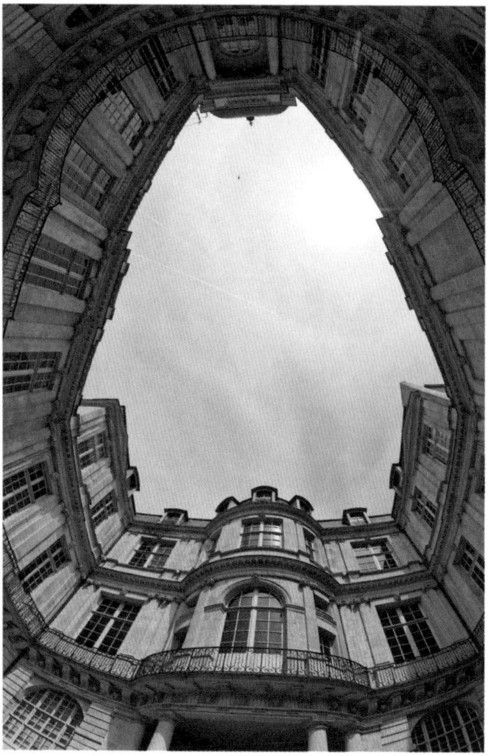

巴黎博韦府邸中庭（摄影：P. Demaria）

16-10 巴黎博韦府邸

1655 年由奥地利的安娜的侍女凯瑟琳·博韦（Catherine Beauvais）委托建筑家安托万·勒·帕特雷（Antoine Le Pautre，1621—1679）设计建造的巴黎博韦府邸（Hôtel de Beauvais），展现了建筑师驾驭极不规则平面的杰出才能。1671 年，路易十四创办皇家建筑学院（Académie Royale d'Architecture），勒·帕特雷成为第一批 8 位院士之一。

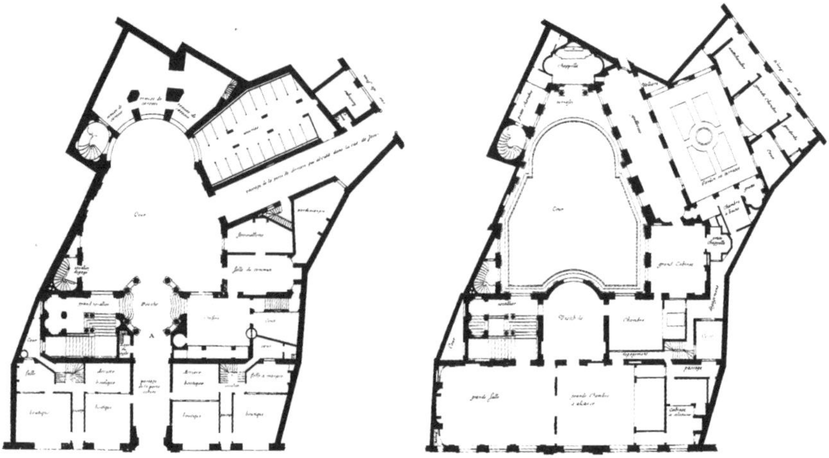

巴黎博韦府邸一层和二层平面图（J. Marot 绘于 1752 年）

16-11 沃邦元帅的要塞设计

塞巴斯蒂安·勒·普雷斯特雷·德·沃邦元帅（Sébastien Le Prestre de Vauban，1633—1707）是路易十四时代最杰出的军事工程师。他参与指挥过 53 次要塞围攻战，并以在其中所汲取的经验教训在法国边境线上先后领导建筑 33 座新式要塞，改造 300 座旧式城堡，打造了一条坚不可摧的国境线，成为路易十四能够放心大胆拆毁巴黎城墙和在巴黎、凡尔赛大兴土木的最可靠的保障。他所设计的要塞以复杂交错的多重棱堡为特征，适应火炮时代的军事变革，降低城墙高度，同时将城墙做成折线形，每一个折角的角度都经过仔细计算，以保证防御方的火力可以交叉覆盖到

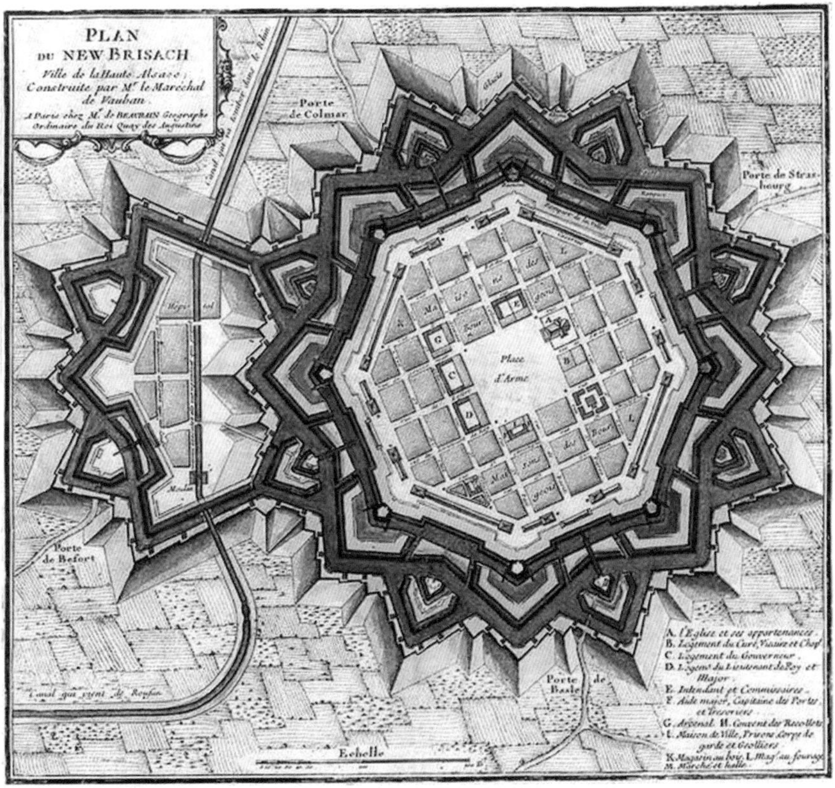

沃邦元帅于 1698 年设计的新布里萨克（Neuf-Brisach）要塞规划图

新布里萨克要塞现状（摄影：J. Pierre）

城墙脚下的每一个位置，不留下任何死角，这样就可以在敌军登城的时候，通过侧射火力给予敌人最大杀伤。这种设计很快就风行欧洲，影响非常深远。

16-12 凡尔赛的大特里阿农宫

大特里阿农宫回廊

1683 年，路易十四的王后去世。他的第二任妻子曼特农夫人（Madame de Maintenon，1635—1719，1683 年与路易十四秘密结婚）不喜好热闹，于是，路易十四委托小芒萨尔为她在凡尔赛宫十字形大运河的北端修建了新宫大特里阿农宫（Grand Trianon），其花园也是由勒·诺特尔设计。与豪华壮丽的凡尔赛宫相比，这座新宫显得素雅许多，预示着那个已经持续半个世纪的“伟大风格”即将成为过去。到这个时候，路易十四已经在位超过40年。接连不断的对外战争终于造成法国财政枯竭。1689年，路易十四甚至被迫将凡尔赛宫所有的银质家具都拿出来交给造币厂熔化，以筹集军费。从这个时候起，庄严宏大的英雄主义热情开始渐渐消退，艺术品位开始悄悄地从注重炫耀向注重舒适转变，一种新的建筑风尚即将到来。

大特里阿农宫（P.D.Martin作于1724年）

第十七章 路易十五和洛可可时代

「就像是一串捉摸不定而又妙不可言的铃声——优美、短暂但却是有章可循的。」

17-1 沙龙

少年时代的路易十五画像（A. O. Justinat 绘于 1720 年前后）

1715 年，在经过 72 年的漫长岁月后，路易十四终于结束了欧洲历史上最长的统治。新王路易十五（Louis XV，1715—1774 年在位）是老王的曾孙，年仅 5 岁。国家权力掌握在路易十四的侄儿——待人友善而热衷享乐的摄政王奥尔良公爵菲利普二世（Philippe Ⅱ，Duke of Orléans）手中。没有了路易十四的强力管束，贵族们迫不及待地搬回巴黎。早已习惯于无所事事的他们完全沉迷在巴黎各豪宅的精美沙龙之中。

1755年在乔芙兰夫人沙龙朗读伏尔泰新作《中国孤儿》（A. C. G. Lemonnier 绘于1812年）

沙龙（Salon）这个单词的本意是“客厅”。大约从17世纪开始，一些巴黎的名媛贵妇们常常把自己的卧室当作社交场所，与朋友们聚会交谈，以后逐渐风靡起来。这些沙龙不仅为那些饱食终日意志消沉的贵族们提供了一个可以“调情解闷”的好场所，也为知识分子们提供了思想交流的最佳舞台。最终激发法国大革命的启蒙运动可以说就是在巴黎的沙龙里一点一滴酝酿生成的。美国历史学家威尔·杜兰（Will Durant，1885—1981）有一段精彩的评论：“因为这些兼具智慧与美丽、超越以往任何时代的女人的存在，法国的作家才能用情感去炽热他们的思想，并以机智去滋润他们的哲学。如果不是因为她们的存在，伏尔泰如何能成为伏尔泰？即使是那位“粗犷而又郁闷”的狄德罗也承认说：‘妇女使我们能够抱着趣味与清晰的态度去讨论那些最干枯无味且又最棘手的论题。我们可以无休止地同她们谈话，我们希望她们能够听得下去，更害怕使得她们感到厌倦或厌烦。由于此种缘故，我们逐渐发展出一套特别的方法，能够很容易地将我们解释清楚。而这种解释的方法，最后从谈话演变为一种风格。’法国的散文由于女人而变得比诗璀璨，更因为女人，法文变成为一种娴和、高尚又彬彬有礼的语言，读来令人愉悦又崇高无比。也因为女人，法国艺术从古怪的巴洛克式演变为一种优美的式样与风格，进而点缀着法国生活的每一层面。”[43]

17-2 洛可可

这种风格有一个读起来很好听的名字："洛可可"（Rococo）。这个单词的词源是法语单词"Rocaille"，是指一种从意大利园林传入的用卵石、贝壳和灰泥营造假山洞窟的装饰手法。19 世纪新古典主义流行时期，艺术史家们用这个单词来描述 18 世纪上半叶在法国流行的一种在他们看来是"过分装饰的""过时的"艺术风格。与"哥特式"和"巴洛克式"一样，由艺术史家们强加在"洛可可式"身上的这样一种带有贬义的观点很快也过时了。

18 世纪上半叶法国室内装饰家 N. Pineau 设计的壁炉架，卷曲的草叶装饰是洛可可风格的主要特征

20 世纪英国艺术评论家 H. 奥斯本（H. Osborn）对"巴洛克"与"洛可可"这两种艺术形式作过一个非常有趣的比较。他指出，"巴洛克"（Baroque）一词的发音隐秘而含蓄，暗示出冗重、浮夸和臃肿的形式，而这些形式只有在进入运动状态才会产生效应；而"洛可可"（Rococo）一词由三个相等的音节组成，后两个音节完全一样，读起来就像是一串捉摸不定而又妙不可言的铃声——优美、短暂但却是有章可循。[28]106 这个评价实在是太精彩了。"洛可可艺术是一种真正为艺术而艺术的艺术"。与路易十四时代不同，它不追求豪华壮丽，不需要激起任何人的崇敬或畏惧之情，你也无须深思它的意义。它的一切着眼点都是为了美，只是为了美。这种美是女性之美，而不是阳刚之美。

17-3 巴黎的苏比斯府邸

1735 年由杰曼·博夫朗（Germain Boffrand，1667—1754）作室内设计的苏比斯府邸（Hotel de Soubise，现为法国国家档案馆）二楼沙龙是法国洛可可风格现存的主要代表。沙龙的平面呈椭圆形，周围开有八个拱洞状门窗，曲形的壁面与天花间用千舒万卷的草叶雕纹和壁画形成流畅的过渡，创造出甜美亲切令人心醉的室内空间效果。

巴黎的苏比斯府邸椭圆形沙龙内景

在法国，作为传统贵族奢侈生活最后阶段象征的洛可可风格的持续时间并不长，1750 年后逐渐被启蒙运动所引发的崇尚理性和反对华丽装饰的新古典主义所取代。但在欧洲其他国家尤其是德国，这种风格却很受欢迎，一直流行到 18 世纪末。

第四部 欧洲其他国家

第十八章 英国

“看客，如果您要寻找他的墓碑的话，那么就请环顾四周吧。”

亨利八世画像（小汉斯·霍尔拜因绘于1537年）

18-1 亨利八世

文艺复兴传入英国经历了一个曲折的过程。英国都铎王朝的第二位君主亨利八世（Henry Ⅷ，1509—1547年在位）1503年与西班牙公主阿拉贡的凯瑟琳（Catherine of Aragon，1485—1536）结婚。此前凯瑟琳曾与亨利的哥哥——当时的王太子亚瑟（Arthur，Prince of Wales，1486—1502）订婚，在亚瑟去世后改嫁与亨利。凯瑟琳为亨利先后生过几个男孩，但都不幸夭折，只有一个女儿（即后来的玛丽女王）存活下来。

由于不久之前英国刚刚经历过残酷的王位继承之战——玫瑰战争，亨利八世决心要有一个儿子来名正言顺地继承王位。1527 年，亨利八世向罗马教皇克莱门特七世提出，因为自己违背《圣经》“人不得娶弟兄之妻”戒律，请求宣布婚姻无效。但克莱门特七世此时已经成为凯瑟琳的侄儿——西班牙国王兼神圣罗马帝国皇帝查理五世——的俘虏，最终拒绝了亨利八世的要求。在这种情况下，1533 年，亨利八世断然宣布与罗马天主教决裂，实行宗教改革，解散全国修道院，创立英国圣公会（Anglicanism）以取代罗马教会，并自立为圣公会最高领袖。亨利八世第二位妻子安妮·博林（Anne Boleyn，1501—1536）也给他生了一位女儿，即后来的女王伊丽莎白一世，但却很快失宠而遭人陷害，被亨利八世下令砍头。1537 年，亨利八世的第三位妻子简·西摩（Jane Seymour，1508—1537）㊀终于为他生了一位王子。受这个事件的影响，正在意大利蓬勃发展的文艺复兴艺术基本上与英国隔绝，英国仍沉浸于哥特垂直风格之中。

18-2 汉普顿宫

汉普顿宫大厅内景（摄影：P. Libera）

1514 年开始大规模建设的汉普顿宫（Hampton Court Palace）位于伦敦以西大约 20 公里处，原是亨利八世的重臣托马斯·沃尔西红衣主教（Thomas Wolsey，1473—1530）的财产。1529 年，因为负责办理国王离婚的事情进展不

㊀ 简·西摩在生下儿子后就因感染去世。之后亨利八世的第四位妻子克莱沃的安娜（Anne of Cleves）因为长相与画像相差较多而被宣布婚姻无效。第五位妻子凯瑟琳·霍华德（Catherine Howard）因为犯有通奸罪被砍头。第六位妻子是先前已两度守寡的凯瑟琳·帕尔（Catherine Parr），她终于平安度过这段婚姻，并在亨利八世去世后又第四次结婚。

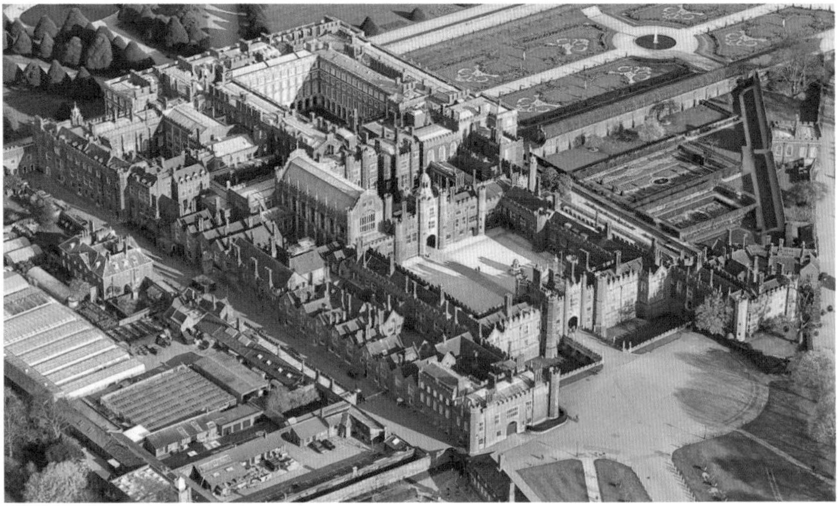

汉普顿宫鸟瞰，后方文艺复兴式建筑增建于17世纪末

顺，沃尔西自感即将失宠，于是就将该建筑献给亨利八世，但最终也没能逃脱被撤职的下场。他在前往伦敦受审途中病逝。

汉普顿宫基本上仍是中世纪风格，外轮廓上充斥着塔楼、雉堞和烟囱，墙体用红砖砌筑，腰线、券脚、过梁、窗台等则用灰白色石头勾勒，十分质朴优雅。室内采用“垂直风格”的锤式木屋架，由于正处都铎王朝，这种风格又被称为“都铎风格”（Tudor Architecture）。

18-3

从爱德华六世到伊丽莎白一世

1547年，亨利八世的唯一儿子爱德华六世（Edward Ⅵ，1547—1553年在位）如父所愿继承王位。但是新王寿命太短，10岁登上王位，16岁就去世了。接替他的是那位不幸的姐姐玛丽一世（Mary Ⅰ，1553—1558年在位）。当妹妹伊丽莎白出生后，玛丽甚至被宣布为“私生子”，剥夺公主头衔，并禁止信奉天主教，她的心中充满了怨恨。当她时来运转突然登上女王宝座后不久，就下令恢复与罗马教皇的关系，而后更是对新教徒展开迫害。不过玛丽的宗教狂热终究没有吞没亲情，她最终还是选择了信奉新教的异母妹妹伊丽莎白作为继承人。英国重新成为新教国家。

伊丽莎白一世画像（约绘于1575年）

伊丽莎白一世（Elizabeth Ⅰ，1558—1603年在位）是英国历史上最伟大的君主之一。在她的任上，英国摆脱了宗教冲突带来的内乱，重新壮大成为西方一流强国。1588年，英国击败了强大的西班牙“无敌舰队”（Spanish Armada），从根本上拯救了新教世界。经此一战，不列颠民族的活力被彻底释放出来，英国从此步入强盛的帝国时代。

18-4 诺丁汉郡的沃莱顿府邸

在建筑领域，由于与亨利八世时代相似的原因，伊丽莎白一世时代总体上依旧延续着哥特风格。1580年由罗伯特·史密森（Robert Smythson，1535—1614）设计的诺丁汉郡（Nottinghamshire）沃莱顿府邸（Wollaton

沃莱顿府邸（摄影：D. Barker），克里斯托弗·诺兰电影《蝙蝠侠》在此取景

Hall）是伊丽莎白一世时代的典型建筑，外观依然具有明显的哥特城堡特点，但壁面构图已经开始具有文艺复兴严整的特征。在玻璃越大意味着财富越多的时代，这座府邸的玻璃窗大得几乎不成比例，这也使得它的外表少了几分厚重，体现出和平年代的新气象。

詹姆斯一世画像（J. de Criz 绘于 1605 年）

18-5 詹姆斯一世

1603 年，伊丽莎白一世去世。她终身未曾嫁人，根据英国王位继承规矩，她选择将王位传给亨利八世姐姐的曾外孙——苏格兰国王詹姆斯·斯图亚特（James Stuart，1567 年起为苏格兰国王，称詹姆斯六世 James Ⅵ，1603 年起为英格兰国王，称詹姆斯一世 James Ⅰ）。斯图亚特王朝（The House of Stuart，1603—1714）由此建立。而英格兰与苏格兰在经历了无数次的战争之后，终于以这样一种最平和的方式统一在了一起。

18-6 伦敦格林尼治的女王宫

在来自丹麦的王后安妮（Anne of Denmark，1574—1619）的大力支持下，进入 17 世纪的英国建筑终于开始全面接受意大利的古典形式，其代表人物是伊尼戈·琼斯（Inigo Jones，1573—1652）。他早年曾经数次前往意大利学习，深受文艺复兴思想影响，尤其喜欢帕拉第奥的建筑风格。1616 年，琼斯受安妮王后委托在伦敦东部的格林尼治（Greenwich）建造一座住宅，一般将其译为女王宫（Queen's House）。这座建筑平面布局模仿朱利亚诺·达·桑加罗在 1480 年左右为美第奇家族设计的波焦·阿·卡伊阿诺府邸（Villa di Poggio a Caiano）做成“工”字形（后来被封闭形成小天井），立面设计则模仿帕拉第奥风格，完全没有中世纪的任何痕迹，成为英国第一座真正的文艺复兴建筑。

琼斯画像（W. Hogarth 绘于 1757 年）

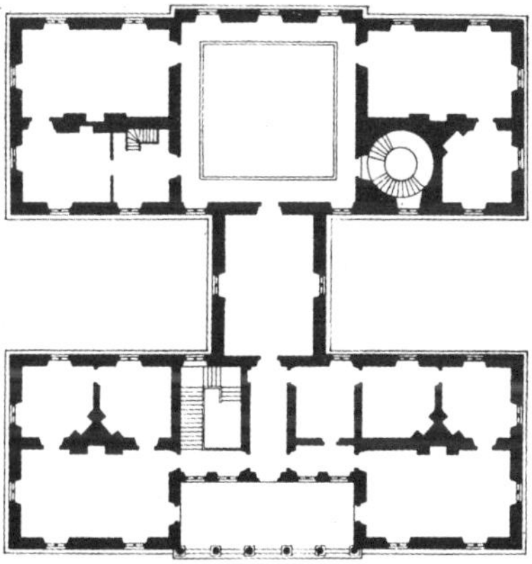
女王宫原设计平面图

女王宫的后方是一座小山丘。1675 年，英国皇家天文台在这里设立。1884 年，国际子午线会议在美国召开。会议决定，将经过格林尼治天文台的子午线定为本初子午线（Prime Meridian），作为全球通用的经度零点。

从天文台所在的小山上北眺女王宫，两翼建筑为后来增建

18-7 伦敦的白厅宫宴会厅

白厅宫宴会厅外观

白厅宫宴会厅内景

1619 年，琼斯受詹姆斯一世的委托为威斯敏斯特的白厅宫（Whitehall Palace）建设一座宴会厅（Banqueting House）。这座建筑外表完全按照帕拉第奥风格设计，外观两层，内部则是贯通的大厅。顶棚画由北欧大画家彼得·保罗·鲁本斯（Peter Paul Rubens，1557—1640）绘制，表现詹姆斯一世使苏格兰与英格兰统一的伟绩。

1638 年，琼斯应下一任国王查理一世（Charles Ⅰ，1625—1649 年在位）的要求为白厅宫做整体重建设计，已建成的宴会厅将作为新宫大中庭的一个侧翼，整个新宫将由 7 个院落组成，规模蔚为壮观。不过查理一世并没有足以支撑这个计划的财力，不久之后，他就遭遇了一场巨大的危机。

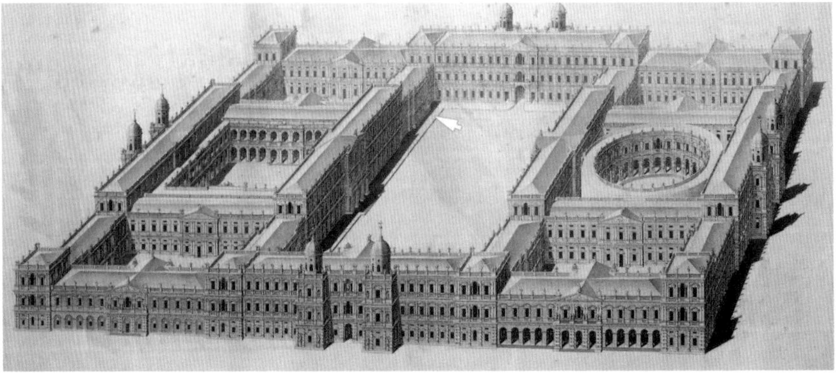

琼斯所做的白厅宫设计图，白色箭头所指处为宴会厅

18-8 英国内战

受法国中央集权发展的影响，詹姆斯一世试图在英国建立同样的制度，主张“君权神授”“王权高于一切”。查理一世继承了其父王这个思想，这样就与已经有很长历史并且在与国王们的长期斗争中逐渐掌握较多权力的国会产生强烈冲突。当查理一世为了平息苏格兰叛乱而试图压倒国会强行征税时，国王与国会之间的内战（English Civil War，1642—1651）就爆发了。1649 年 1 月，这场内战的胜利者、国会军统帅奥利弗·克伦威尔（Oliver Cromwell，1599—1658）下令组织审判，并在宴会厅窗外当众处决查理一世，随后建立英国历史上唯一的共和国。1658 年，克伦威尔去世，他的儿子继任护国公一职，但却无力控制局面。英国国会最终决定，他们还是需要一位真正的国王。1660 年，查理一世的儿子查理二世（Charles Ⅱ，1661—1685 年在位）在表态尊重议会权力后，终于得以结束多年辗转流亡而返回英国并在次年登上王位。

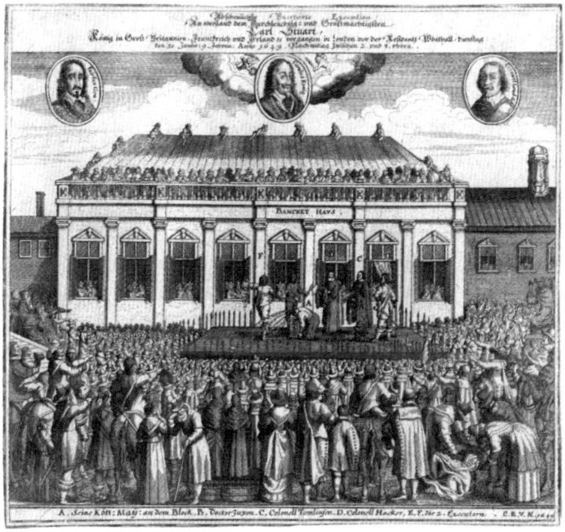

查理一世在宴会厅外被斩首（绘于1649年）

18-9 雷恩与伦敦的圣保罗大教堂

琼斯之后最有名的英国建筑师是克里斯托弗·雷恩（Christopher Wren，1632—1723）。雷恩早年热衷于科学，1661 年成为牛津大

雷恩画像（G. Kneller 绘于 1711 年）

学天文学教授，是世界上最古老的国家科学机构英国皇家学会（The Royal Society）的创始人之一，并于1680—1682 年担任会长。不过他在绘画方面的天赋却更被国王查理二世看重，并因此成为英国历史上最伟大的建筑家。在雷恩生活的年代，建筑被很多受过良好教育的人看作是应用数学的一个分支，而不是一个专门家的偏狭专业。雷恩不认为建筑是规范、条例和公式的产物，而认为是理性与直觉、经验与想象力的完美结合。他没有去过意大利，但曾在 1665 年去法国进行建筑研究，当时贝尼尼正好在巴黎为卢浮宫东廊做设计。

1666 年 9 月 2 日，伦敦城遭受特大火灾，全城大约 4/5 的区域、多达 13000 幢房屋被烧毁，其中包括 87 座教区教堂以及伦敦教区的主教座堂圣保罗大教堂（St Paul's Cathedral）。大火过后，雷恩受查理二世之命领导城市重建工作，一共为伦敦城设计建造了 51 座教堂，其中包括圣保罗大教堂在内有 24 座一直保存至今。

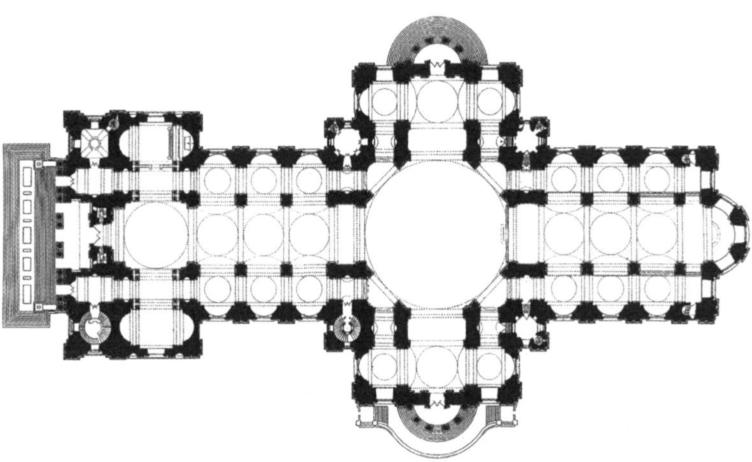

伦敦圣保罗大教堂平面图

被火烧毁的哥特式老圣保罗大教堂建于1240年，它的尖顶曾经高达149米。雷恩决定用文艺复兴新风格来重建它。他最初的设计方案是具有集中式特征的希腊十字平面，但因不符合教会使用要求而被否决，转而使用更具有传统延续性的三廊身拉丁十字平面，总长156米、最宽处65米，中厅和歌坛连同侧廊都采用穹顶覆盖。位于中央十字交叉部的穹顶最大，直径达30.8米，外部连塔尖高111米。这个主穹顶采用与巴黎荣军院教堂穹顶相似的构造，也是由三层穹隆组成。其中最下面一层的内部鼓座部分被设计成向上逐渐缩小的圆台。这种具有透视特征的倾斜做法几乎无法被教堂内部使用者肉眼察觉，反而是夸大了内部穹顶的高度感，同时也可以有效平衡穹顶产生的侧推力。中央一层为砖砌的圆锥体，用以支撑采光亭。其外部再用木构架包铅皮形成突耸的圆穹形象。穹顶外观则是伯拉孟特的罗马坦比埃多的扩展版，鼓座由一圈32

伦敦圣保罗大教堂西侧外观

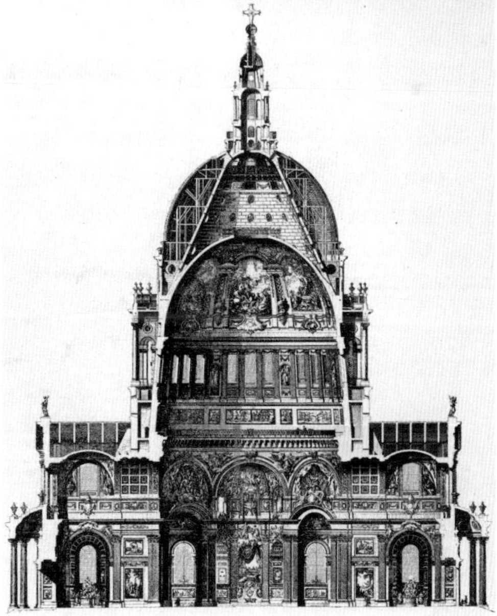

伦敦圣保罗大教堂剖面图（绘于1804年）

伦敦圣保罗大教堂穹顶内景

根柱廊包围，使穹顶形象既突出又轻快。大教堂西立面灵感主要来自巴黎卢浮宫东廊，两翼则设有贝尼尼式的塔楼。

雷恩还为已被大火烧毁的伦敦老城做过一个重建规划。这个设计吸收了西克斯图斯五世教皇的罗马规划，以及法国巴黎以广场为焦点的城市设计新思想，试图将原本混乱无序的中世纪伦敦城规整为具有古典主义气象的新型城市。但是这个计划遭到伦敦城所有业主的反对，于是大火后的伦

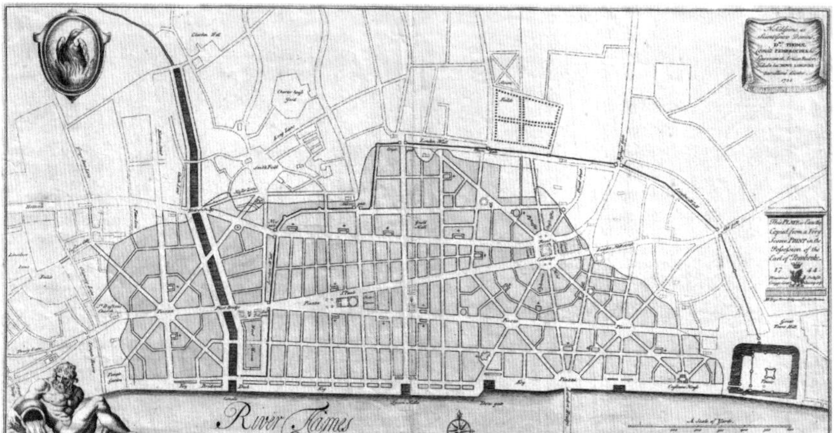

雷恩所做的伦敦城市重建规划，深色区域为火灾范围

伦敦圣保罗大教堂周边环境

敦城还是按照原有的地块划分在原有的街道轮廓原址重建。

从城市规划的角度上看，如果雷恩的方案能够实现的话，那么英国一定会出现一个像巴黎那样立面规整有序的伟大城市，甚至比巴黎更早出现。但如果这样的话，这个世界上就不会有伦敦了。今天从空中俯瞰圣保罗大教堂所在的伦敦老城区，虽然不断有最新样式的现代建筑出现，但整个城市的肌理都没有遭到破坏，仍然很好地保持着几百年延续不断的传统城市的生活氛围。实在地说，能够把新旧建筑、新旧城市之间的关系处理得如此之好，城市面貌如此丰富多彩，城市生活如此时尚多样，伦敦做到了。

雷恩去世后被埋葬在这座教堂下。他的墓碑十分朴素，上面只是刻着这样一行拉丁文：“看客，如果您要寻找他的墓碑的话，那么就请环顾四周吧。”

18–10 光荣革命

查理二世复辟上台后，尽管内心可能倾向于天主教，但表面上接受并支持英国国教。但是他的继承人、弟弟詹姆斯二世（James Ⅱ，1685—1688 年在位）却固执地坚持天主教信仰，并决心要以国王的权威将英国重新拉回天主教世界。英国新教各界为之惶恐不安，终于在 1688 年发动不流血政变，推翻詹姆斯二世，迎立他的信奉新教的女儿玛丽（后任玛丽二世 Mary Ⅱ，1689—1694 年在位）及其丈夫威廉三世（William Ⅲ，1689—1702 年在位英格兰国王，母亲为詹姆斯二世的姐姐）为新的共同执政的女王和国王，并附带有一系列权力限制条件。这就是所谓“光荣革命”（Glorious Revolution）。未流一滴血，英国完成了从“君权神授”的君主专制体制向君主立宪的现代体制转变。当法国和欧洲在 18 世纪末陷于大革命动荡中时，英国取而代之成为世界霸主。

英国女王玛丽二世和国王威廉三世画像（R. White 绘于 1689 年）

18–11 伦敦格林尼治的皇家海军医院

这场“光荣革命”极大改变了欧洲的战略均势。此前一直与法国战争不休的荷兰借此机会与英国结盟。英国由此投入一场一直持续到拿破仑垮台为止的对法“第二次百年战争”。

原皇家海军医院大楼，背景小山上可以看到格林尼治天文台（摄影：B. Bertram）

1692 年，玛丽二世和威廉三世仿效路易十四建造荣军院的做法，在格林尼治女王宫靠近泰晤士河一侧修建英国皇家海军医院，由雷恩负责设计。该处基址原为一座王宫，亨利八世和他的两个女儿玛丽一世、伊丽莎白一世都是在这里出生。该王宫于 1660 年被查理二世拆除，原本计划建造新王宫。为了避免遮挡已经建成的女王宫的观景视线，雷恩将这座皇家海军医院设计成以女王宫中轴线为对称轴的左右分立形式，使得这三座前后相隔 80 年的建筑形成一个完整的建筑群，仿佛早就规划好这么做一样。

1873 年，该建筑改为皇家海军学院（Royal Naval College）使用，现在则为格林尼治大学（University of Greenwich）。

18-12 布伦海姆宫

英国的参战使路易十四腹背受敌，逐渐步入困境。1702 年，威廉三世去世。他和玛丽二世没有孩子，于是英国王位改由詹姆斯二世的另一个女儿安妮（Anne，1702—1714 年在位）继承。在安妮时代，英国最著名的军事统帅是约翰·丘吉尔（John Churchill，1650—1722）。他本是詹姆斯二世的军队指挥官，1688 年在面对玛丽和威廉所统帅反叛军的战场上临阵倒戈，成就了这场不流血的“光荣革命”。他的妻子是安妮最亲信的密友，他也由此深受安妮女王的信任。他没有辜负这番信任。1701 年，路易十四时代的最后一场大战西班牙王位继承战争（War of the Spanish Succession，1701—1714）爆发。1702 年，约翰·丘吉尔被安妮女王册封为初代马尔博罗公爵（1 st Dukes of Marlborough）并出任英军总司令，统帅英荷联军出征欧洲战场。1704 年，在德国布伦海姆（Blenheim）举行的会战中，他与神圣罗马帝国军队统帅欧根亲王（Prince Eugene of Savoy，1663—1736）联合作战，大败法军。这是英国自百年战争阿金库尔会战之后所取得的又一次伟大胜利。200 多年后，约翰·丘吉尔的第八代外孙、著名政治家温斯顿·丘吉尔（Winston Churchill，1874—1965）在他所著《英语民族史》（A History of the English-Speaking Peoples）中这样写道：“整个欧洲目瞪口呆。路易十四不能理解，他的优良军队为什么不但战败，而且灭亡了。从此，他考虑的已经不是怎样才能称霸世界，而是如何体面地结束这场由他挑起的战争。”[44]44

马尔博罗公爵在布伦海姆战场上给妻子写信（R.A. Hillingford 绘于 19 世纪）

为了表彰马尔博罗公爵立下的丰功伟绩，安妮女王下令为他建造一所规模宏大的住宅，并将其命名为布伦海姆宫（Blenheim Palace）。这是英国唯一一座非王室成员所拥有的“宫殿”。建筑由约翰·范布勒（John Vanbrugh，1664—1726）和尼古拉斯·霍克斯穆尔（Nicholas Hawksmoor，1661—1736）设计，平面效仿凡尔赛宫呈“品”字形布局，建筑群长 275 米、宽 175 米。

布伦海姆宫主入口外观

18–13

贤明女王安妮

安妮女王在位 12 年。在此期间，英国粉碎了法国称霸欧洲的梦想，并从此成为欧洲第一海上强国。1707 年，苏格兰议会与英格兰议会合并，正式统一成一个国家。英国国富民强，用温斯顿·丘吉尔的话说是“英国历史上最伟大的一个时代”。安妮因此被誉为“贤明女王”。[44]75

安妮女王画像（M. Dahl 绘于 1705 年）

1714 年安妮女王去世。由于她的孩子全都夭折早逝，按照 1701 年英国国会通过的王位继承法，信奉天主教者将被排除继承权，因此英国王位就传给詹姆斯一世的曾外孙、德国汉诺威选帝侯，称为乔治一世（George Ⅰ，1714—1727 年在位）。英国即将开启新的时代。

第十九章 西班牙和葡萄牙

『不要忘记我所一再告诫你的，要高贵但不倨傲，雄伟而不卖弄。』

19-1 西班牙统一

斐迪南二世和伊莎贝拉一世画像（绘于15世纪）

1469年，伊比利亚半岛上两个最大王国阿拉贡王国的继承人斐迪南二世（Ferdinand Ⅱ of Aragon，1479—1516年在位）和卡斯蒂利亚王国的继承人伊莎贝拉一世（Isabella Ⅰ of Castile，1474—1504年在位）结婚，两国间从此建立起牢固的联盟关系，为西班牙最终完全统一奠定了基础。1492年，盘踞在伊比利亚半岛南端的最后一批摩尔人（Moors）被赶走，基督徒收复半岛全境。也是在这一年，在伊莎贝拉一世的赞助下，意大利人克里斯托弗·哥伦布（Christopher Columbus，1452—1506）“发现”了美洲大陆。尽管哥伦布至死都认为他所发现的是仍远在半个地球之外的印度，但是一批又一批的西班牙征服者很快就涌向了这块满是黄金的“新大陆”。在以无数美洲原住居民的生命为代价下，西班牙以令人眼花缭乱的速度崛起，一举成为足以与法国争霸的欧洲大陆最强国。

19–2 巴利亚多利德的圣格雷戈里奥学院

15世纪末的西班牙建筑混杂着晚期哥特火焰风格和伊斯兰装饰特征于一身。位于巴利亚多利德（Valladolid）的圣格雷戈里奥学院（Colegio de San Gregorio）建造于1488年。它的入口墙面及内部走廊均精心装饰有各种令人眼花缭乱的奇花异木纹样。这种风格主要是在伊莎贝拉一世执政时期流行起来的，又被称为“伊莎贝拉式”(Isabelline)。

圣格雷戈里奥学院主入口

圣格雷戈里奥学院庭院

19-3 萨拉曼卡大学

16 世纪初受意大利文艺复兴影响，西班牙的建筑风格有了一些变化，立面构成更加规整，但仍极为重视装饰，附以的雕刻极为精巧艳丽，宛如金银饰物一般，得名为“银匠式”（Plateresque）。1525 年建造的萨拉曼卡大学（University of Salamanca）大门是这种“银匠式”风格的经典例子。这所大学创建于 1218 年，是西班牙最古老的大学，也是欧洲仍在运营中的第三古老的大学，在中世纪时与意大利博洛尼亚大学、法国巴黎大学和英国牛津大学并列最好的大学之列。

萨拉曼卡大学大门（摄影：D. Jarvie）

19-4 查理五世

查理五世画像（提香绘于1550年）

1516年，奥地利哈布斯堡家族（Hapsburgs）出身的查理在他外祖父斐迪南二世去世后继承了西班牙王位（称“查理一世”Charles Ⅰ，1516—1556年在位）。他在位时期，西班牙成为欧洲第一强国，统治疆域包括今日的西班牙、意大利南部以及除巴西外的整个中南美洲。1519年，在祖父马克西米利安一世（Maximilian Ⅰ，1493—1519年为神圣罗马帝国皇帝）去世后，他又继承了哈布斯堡家族所拥有的尼德兰、勃艮第、米兰和奥地利的世袭领地，并被选举为新的神圣罗马帝国皇帝，称为查理五世（Charles Ⅴ，1519—1556年在位）。他的正式头衔无比冗长，堪称是那个时代欧洲封建体制的典型代表：“查理，蒙上帝鸿福，神圣罗马帝国皇帝、永远的奥古斯都、罗马人民的国王、意大利国王、全西班牙人（卡斯蒂利亚、阿拉贡、莱昂、纳瓦拉、格兰纳达、托莱多、巴伦西亚、加利西亚、马略卡、塞维利亚、科尔多瓦、穆尔西亚、哈恩、阿尔加维、阿尔赫西拉斯、直布罗陀和加那利群岛）国王、西西里国王、那不勒斯国王、萨丁尼亚与科西嘉国王、耶路撒冷国王、东与西印度群岛国王、奥地利大公、勃艮第公爵、布拉班特公爵、洛林公爵、施蒂里亚公爵、卡林西亚公爵、卡尔尼奥拉公爵、林堡公爵、卢森堡公爵、海尔德兰公爵、符腾堡公爵、阿尔萨斯领地伯爵、那慕尔藩侯、弗兰德伯爵、哈布斯堡伯爵、蒂罗尔伯爵、戈里齐亚伯爵、巴塞罗那伯爵、夏洛莱伯爵、阿瓦图伯爵、勃艮第—普法尔茨伯爵、埃诺伯爵、荷兰伯爵、聚特芬伯爵和鲁西永伯爵。”1527年，正是由他派出的西班牙和神圣罗马帝国联军洗劫了罗马。

19–5

腓力二世与埃斯科里亚尔修道院

1556 年，在同德国新教诸侯们以及老对头法国的斗争中筋疲力尽的查理五世宣布退休。他将遗产一分为二，其中西班牙、尼德兰、意大利和西班牙在美洲的殖民地由他的儿子腓力二世（Philip Ⅱ，1556—1598 年为西班牙国王）继承，而他的兄弟斐迪南一世（Ferdinand Ⅰ，1558—1564 年在位）则继承为新的神圣罗马帝国皇帝，哈布斯堡家族由此形成西班牙和奥地利两个分支。

西班牙堪称是宗教改革运动之后欧洲最虔诚的天主教国家，而国王腓力二世则是这个国家中最虔诚的天主教徒，人们形容他甚至“比教皇还要天主教”。1559 年，腓力二世委托曾经在米开朗基罗和小桑加罗工作室学习过的西班牙建筑家胡安·包蒂斯塔·德·托莱多（Juan Bautista de Toledo，约 1515—1567）在马德里西北大约 45 公里的地方修建一座名义上是修道院而实际上是集王宫、教堂、陵墓和大学于一身的特大型城堡式建筑群——埃斯科里亚尔修道院（El Escorial）。严守禁欲忏悔原则的腓力二世要求建筑师：“不要忘记我所一再告诫你的——要用严谨、简洁的形式，高贵但不倨傲，雄伟而不卖弄。”[30]177 胡安·包蒂斯塔去世后，他的学生胡安·德·埃雷拉（Juan de Herrera，1530—1597）接替他的工作，最终在 1584 年予以建成。

埃斯科里亚尔修道院远眺

这座规模巨大的宫殿建筑群令人联想起气势宏伟的古罗马大浴场和斯普利特（Split）的戴克里先王宫（Diocletian's Palace）。它的总平面为矩形，坐东朝西，正面南北宽 208 米，进深 162 米。建筑群的整体平面布局象征早期基督教圣徒洛伦佐（Saint Lawrence，225—258）殉难的铁架。位于主轴线最前方的是皇家图书馆；其后是国王庭院和教堂，教堂地下有一座大型皇家墓室，埋葬有查理一世之后的大多数西班牙国王；教堂东侧向外突出的是腓力二世的王宫；教堂南侧是一个传教士庭院，庭院以西是修道院；教堂的北侧是皇家宫殿机构，其西侧是神学院。

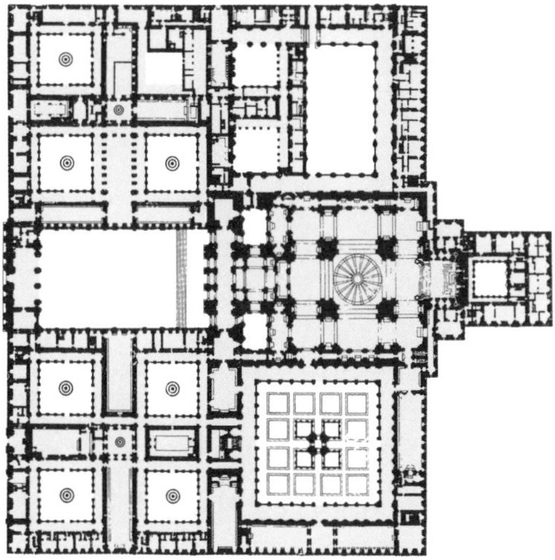
埃斯科里亚尔修道院平面图

整座宫殿全部用灰色花岗岩建造，墙面几乎完全没有同时期不论是哥特建筑还是文艺复兴建筑式样的装饰。内部装饰也非常节制，除了大幅的壁画，很少有其他装饰。这种以建筑师名字命名的“埃雷拉风格”（Herrerian

埃斯科里亚尔修道院主入口立面（摄影：A. R. Montesinos）

Style）的冷峻形式，清心寡欲几乎到索然无味的程度，贯穿了整个腓力二世的统治时代。

19-6 马德里主广场

1598 年腓力二世去世，西班牙建筑摆脱冷峻刻板形象，开始朝向巴洛克艺术发展。1617 年由胡安·戈麦斯·德·莫拉（Juan Gómez de Mora, 1586—1648）设计的马德里主广场（Plaza Mayor）长 129 米、宽 94 米，第一次将巴黎皇家广场所代表的君主专制新秩序引入西班牙中世纪以来所形成的混乱无序的城市面貌中。从空中看去，这座广场就像是戴了一个面具，除了新建一圈住宅之外，后面的部分几乎仍然保持原样。这样一种改造方式在一定程度上也将广场拆迁所必然会对周围居民生活造成的影响降到了最低程度。

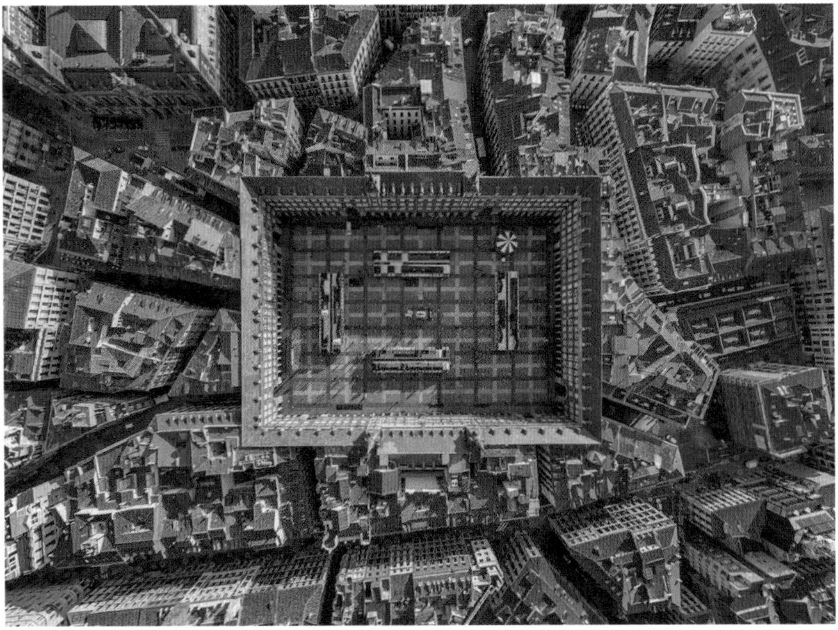

马德里主广场俯瞰

19-7 萨拉曼卡主广场

西班牙巴洛克的黄金时代直到18世纪才到来。1729年开始建造的萨拉曼卡主广场是阿尔贝托·德·丘里格拉（Alberto de Churriguera，1676—1750）的代表作。这种兼有巴洛克动感光影效果与“银匠式”浮雕特征的建筑装饰风格被称为“丘里格拉风格”（Churrigueresque），成为西班牙巴洛克建筑艺术的优秀代表。

萨拉曼卡主广场钟楼

19-8 圣地亚哥·德·贡波斯代拉大教堂

1740年由费尔南多·德·卡萨斯·诺瓦（Fernando de Casas Novoa，1680—1749）为罗马风时期著名的圣地亚哥·德·贡波斯代拉大教堂重新设计的主立面也是这种“丘里格拉风格”的代表作。

圣地亚哥·德·贡波斯代拉大教堂正立面局部

托莱多大教堂『透明祭坛』局部

19-9 托莱多大教堂“透明祭坛”

最精彩的西班牙巴洛克艺术作品是1721年由纳西索·托米（Narciso Tomé，1690—1742）设计的托莱多大教堂（Toledo Cathedral）的“透明祭坛”（El Transparente），将贝尼尼开创的光与空间交互融合的艺术效果发挥到了极致。

19-10 葡萄牙

恩里克王子画像（N. Gonçalves 绘于 15 世纪）

与西班牙相比，葡萄牙的地理位置更加局促，狭小的腹地迫使他们将目光投向海外。1417年，葡萄牙王子恩里克（Henrique，1394—1460）从直布罗陀海峡南端刚刚被征服的休达人（Ceuta）那里得知，撒哈拉大沙漠以南有一个富庶的绿色王国几内亚。他不想穿过沙漠，而是有了一个大胆的想法，要取道海路去那个遥远的国家。在这个想法的激励下，他创办航海学校，系统研究航海科学和技术，并于1419年起陆续派出探险船只沿非洲西海岸南下，迈出了欧洲海外征服的第一步。到 1460 年恩里克去世时，葡萄牙已经在非洲的大西洋沿岸建立了一系列殖民地。1488 年，葡萄牙航海家巴尔托洛梅乌·迪亚士（Bartolomeu Dias，1451—1500）成为第一个到达非洲大陆最南端好望角的欧洲人。1498 年，当西班牙航海家还纠缠在哥伦布将美洲当作印度的错误假设时，葡萄牙航海家瓦斯科·达·伽马（Vasco da Gama，1469—1524）率领的船队已经到达真正的印度。他们返航时满载的胡椒和香料给葡萄牙指引出一条致富的捷径。1500 年，葡萄牙人"发现"巴西。1508 年，葡萄牙在印度建立殖民地。1511 年，葡萄牙占领马六甲海峡。1513 年，葡萄牙人到达广州，1553 年登陆澳门。就这样，葡萄牙率先进入"全球帝国"时代。

19–11

里斯本的热罗尼莫斯修道院

为纪念达·伽马具有历史意义的航行而于 1502 年建造的里斯本热罗尼莫斯修道院（Mosteiro dos Jerónimos）[⊖]是葡萄牙黄金时代开始的纪念碑。这座修道院兼有哥特晚期火焰式和西班牙伊莎贝拉式的特点，葡萄牙人称之为曼努埃尔式（Manueline）。达·伽马去世后就安葬在这里。

热罗尼莫斯修道院大门（摄影：M. Patel）

⊖ 有名的葡式蛋挞就是这所修道院的修女在 19 世纪发明的。

19–12

拉梅戈的雷梅迪奥斯圣母堂

葡萄牙建筑的黄金阶段也在18世纪到来。17世纪末18世纪初，葡萄牙的美洲殖民地巴西发现了丰富的黄金和钻石资源。一夜之间，葡萄牙国王若昂五世（Joao V，1706—1750年在位）成为“欧洲最富裕的君主和最慷慨的建筑艺术赞助人”。

18世纪葡萄牙建筑更多表现出“快乐”的洛可可格调。1750年建造的拉梅戈（Lamego）的雷梅迪奥斯圣母堂（Santuário de Nossa Senhora dos Remédios）以其前方山坡精彩的对称双折大阶梯而闻名。这段阶梯共有686级，其间设置9级露台。露台前方的蓝色瓷砖装饰十分别致，是葡萄牙有代表性的装饰艺术特征之一。

第二十章 德国和奥地利

「即使贝尼尼或博洛米尼兴致最高时也不会那样放手去干。」

20-1 四分五裂的德意志

1618—1648年爆发的以欧洲天主教与新教冲突为表征的“三十年战争”（Thirty Years' War）结束了西班牙和哈布斯堡家族的势力，欧洲的霸权转到了法国。一度在哈布斯堡家族军事力量下获得一定程度统一的神圣罗马帝国彻底瓦解，荷兰和瑞士获得独立，前者更是成为这一时期的头号海上霸主。而在日耳曼人居住的土

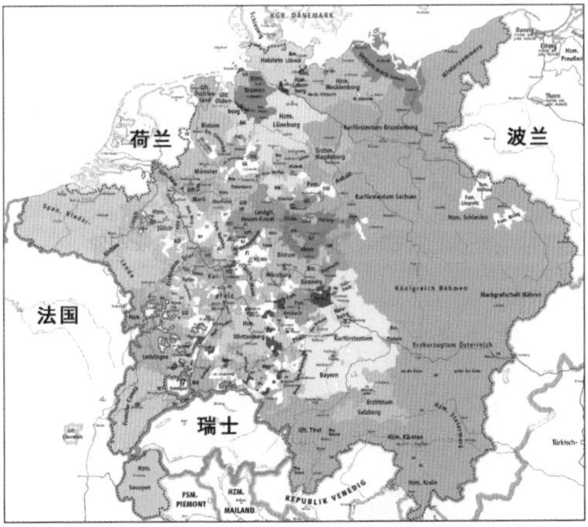

1648年的神圣罗马帝国（绘图：Ziegelbrenner）

地上，数以百计的王国、公国、主教辖区和自由市各自为政，神圣罗马帝国名存实亡。但是在艺术领域，特别是建筑领域，这片土地在战火硝烟散尽之后迎来了艺术的春天。大大小小的王公诸侯们以凡尔赛宫为榜样，竞相为自己修建豪华的宫殿，就像普鲁士国王腓特烈二世所讽刺的那样："连一个最小王子的最小儿子都把自己幻想成路易十四那么大。"[45] 来自意大利的巴洛克和来自法国的洛可可在这里相遇，攀上了它们各自的艺术顶峰。

20-2 维也纳的美泉宫

1648 年之后，仍然长期把持神圣罗马帝国帝位的哈布斯堡家族实际上已经完全丧失了对日尔曼北方诸侯的控制力，只能将注意力集中在仍在自己家族掌控下的奥地利、波西米亚以及不属于神圣罗马帝国版图范围的匈牙利等地，实际上建立了有别于神圣罗马帝国的哈布斯堡君主国（Habsburg Monarchy）。

菲舍尔·冯·埃拉赫的设计方案，规模大大超越凡尔赛宫

虽说如此，毕竟还是欧洲唯一的皇帝，为了彰显皇帝气派，利奥波德一世（Leopold Ⅰ，1658—1705 年在位）下令在维也纳修建一座可以与死对头路易十四的凡尔赛宫相媲美的宫殿——美泉宫（Schönbrunn Palace）。他委任约翰·伯恩哈德·菲舍尔·冯·埃拉赫（Johann Bernhard Fischer von Erlach，1656—1723）进行最初的设计。由于战争持续不断导致财力不支，这项工程未能按照原计划进行，几经调整直到 1780 年才全部完工。

美泉宫鸟瞰

美泉宫大画廊

20-3 菲舍尔·冯·埃拉赫

菲舍尔·冯·埃拉赫是奥地利最杰出的巴洛克建筑家之一，早年曾经在贝尼尼的工作室学习工作，他在建筑理论方面也颇有建树。他以一种“无害的消遣”心情[16]129 写作的《历史建筑勾勒》一书第一次将欧洲以外具有“不同审美趣味”的历史建筑——包括中东、埃及甚至中国的建筑——纳入观察视野，以此推动建筑艺术的发展。

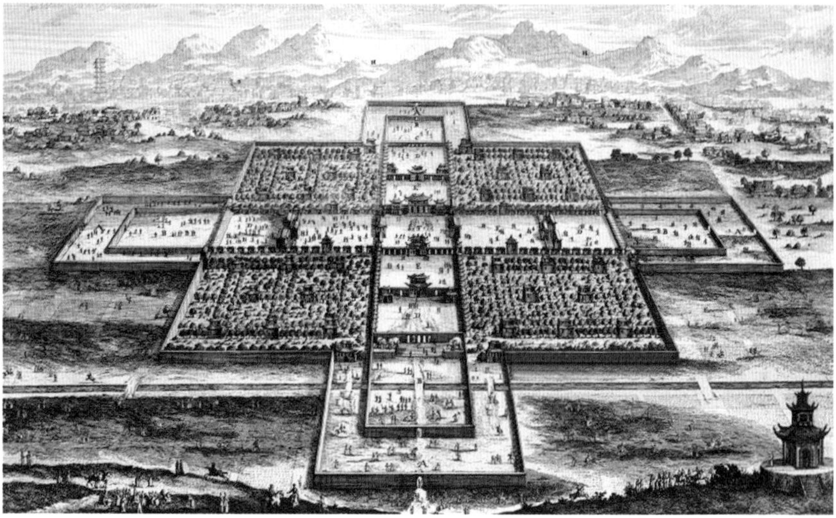

菲舍尔·冯·埃拉赫根据荷兰商人描述而绘制的北京紫禁城

20-4 梅尔克修道院

梅尔克修道院外观（摄影：T. Ledl）

雅各布·普兰道尔（Jakob Prandtauer，1660—1726）也是杰出的奥地利巴洛克建筑家，他的代表作是1702年开始建造的梅尔克修道院（Melk Abbey），是建筑史上不可多得的巴洛克杰作。这座修道院建造在梅尔克河与多瑙河交汇处的一座小山之上，气势蔚为壮观。教堂的立面是传统的双塔式，塔顶的小穹顶采用了具有东欧风格的葱头造型。它的内部充满了巴洛克风格欢乐、跳动和富丽堂皇之感，体现了巴洛克艺术家奔放的想象力和伟大的创造力。英国艺术史家恩斯特·贡布里希（Ernst Gombrich，1909—2001）评论说：“即使贝尼尼或博洛米尼兴致最高时也不会那样放手去干。……到处都是云彩，天使们在天堂的福乐之中奏乐和弄姿示意。……样样东西都似乎在活动、在飞舞——甚至连墙壁也不能静止不动，似乎也在欢腾的韵律中来回摇摆。在这样一座教堂里没有一样东西是‘自然的’，或是‘正常的’——根本没有这种意图。……它可能不尽符合每一个人意想之中的天堂，但是当你站在当中时，这一切全都把你包围起来，使你消释了所有的怀疑。你感觉自己处在我们的规则和标准简直无法应用的另一个世界里。”[46]

梅尔克修道院教堂中厅（摄影：S.H.Wei）

梅尔克修道院教堂拱顶（摄影：Uoaei1）

20–5 维也纳的美景宫

奥地利巴洛克艺术第三位杰出代表人物是约翰·卢卡斯·冯·希尔德布兰特（Johann Lukas von Hildebrandt，1668—1745），他的代表作是为萨伏依的欧根亲王（Prince Eugene of Savoy，1663—1736）建造的维也纳美景宫（Belvedere）。欧根的母亲是红衣主教马扎然的侄女，原是路易十四的初恋情人，但马扎然顾虑招人嫉恨而未敢成全这门亲事。1683 年欧根 20 岁打算从军效力，但却被路易十四轻蔑拒绝，用伏尔泰的话说是“被人粪土视之”。[2]247 深感受辱的欧根转而投奔当时正在与奥斯曼土耳其殊死决战的神圣罗马帝国，因战功卓著而迅速获得提拔重用。1704 年，他与英国的马尔伯罗公爵合作，在布伦海姆会战中决定性地击败了路易十四号称所向无敌的法国陆军，与马尔伯罗公爵并称为一代“战神”。

1721 年，欧根亲王委托希尔德布兰特开始建造这座宫殿。它分为上下两部分，豪华的上美景宫主要用于宫廷的正式礼仪，并容纳亲王的艺术和图书收藏。较为朴素的下美景宫则用作亲王的夏季行宫。两者之间是法国式的大花园。

近景为下美景宫，远景为上美景宫

20-6 维尔茨堡主教宫

1720—1744 年，希尔德布兰特与德国建筑师巴尔塔萨·诺伊曼（Balthasar Neumann，1687—1753）一同参加了维尔茨堡主教宫殿（Würzburg Residenz）的建设工作。这座宫殿以其仿效凡尔赛宫大使阶梯而建的宏大气派的楼梯间而著称。楼梯间的天顶画由意大利画家乔凡尼·巴蒂斯塔·提埃坡罗（Giovanni Battista Tiepolo，1696—1770）绘制，长 32 米、宽 19 米，号称是世界上最大的单幅天顶画。宫殿里的其他房间装饰也都极其讲究，集晚期巴洛克和洛可可艺术精华于一身。

维尔茨堡主教宫楼梯间天顶画

维尔茨堡主教宫皇帝厅

20-7 诺依曼与十四救难圣人教堂

诺依曼画像，画面细节展现其作为炮兵指挥官、军事工程师和建筑家的三重职业特点（M. F. Kleinert 绘于 1727 年）

十四救难圣人教堂正面外观（摄影：M. Sander）

巴尔塔萨·诺伊曼本是一名炮兵指挥官兼军事工程师，在德国各地的服役经历中学习研究建筑工程技术，并最终成为堪与贝尼尼和博罗米尼相比肩的德国最伟大的巴洛克建筑家。

1742 年开始建造的位于巴伐利亚北部美因河畔的十四救难圣人教堂（Basilika Vierzehnheiligen）是最有代表性的德国巴洛克—洛可可风格教堂建筑。它的外观是经典的双塔立面，修长的塔顶上是具有东欧特色的葱头

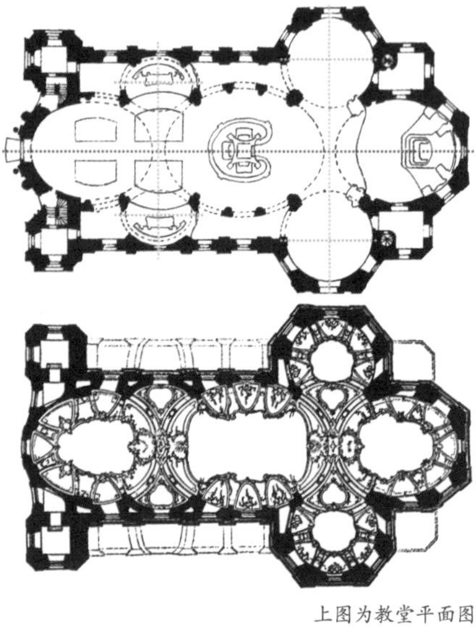

上图为教堂平面图
下图为拱顶平面图

状小穹窿。由于管理工作出现偏差，教堂内部最重要的慈悲祭坛（Gnadenaltar）未能按照天主教习惯被安放在十字交叉部，而是偏向中厅一侧。诺依曼将错就错，将中厅平面设计成三个纵向椭圆前后相连，其中慈悲祭坛所在的中央椭圆尺寸最大；三者间通过两个较为隐蔽的横向椭圆贯通为一体，并经由这两个横向椭圆与横厅和侧廊建立轴线联系。如此处理，就使整个空间前后左右宛转流畅、浑然一体。包括慈悲祭坛在内，整个教堂的

十四救难圣人教堂中厅

十四救难圣人教堂慈悲祭坛（摄影：D.Schwanitz）

室内设计都充满洛可可气息，在白色的基调上，纤巧缠卷的草叶花团跳动闪烁，使整个教堂沐浴在喜庆欢快的气氛之中。

20-8 布吕尔的奥古斯都堡

布吕尔的奥古斯都堡外观（摄影：Gavailer）

由选帝侯科隆大主教所拥有的布吕尔（Brühl）的奥古斯都堡（Augustusburg）建于1725年，诺依曼为其设计了精美的洛可可式楼梯间。

布吕尔的奥古斯都堡大楼梯间

20-9 慕尼黑宁芬堡宫的阿马林堡

由巴伐利亚选帝侯所有的慕尼黑宁芬堡宫(Nymphenburg)始建于1664年，在之后的岁月中以凡尔赛宫为赶超对象不断扩建，最终在1758年完全建成时，其“品”字形正面南北长达632米，比凡尔赛宫宽出200多米。

宁芬堡宫（约绘于1730年）

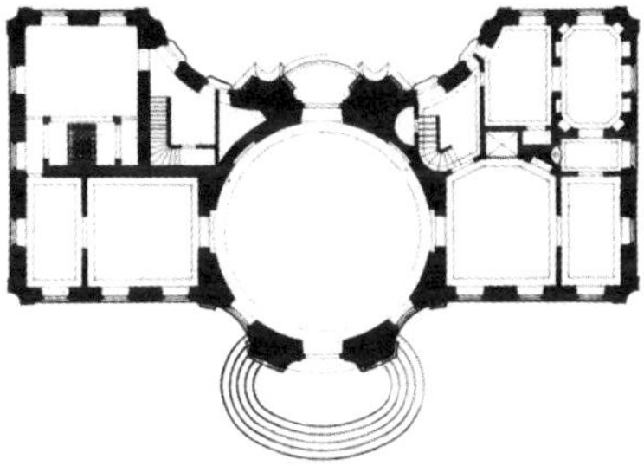

阿马林堡平面图

位于宁芬堡宫大花园南侧小树林中的阿马林堡（Amalienburg）由卡尔·阿尔布雷希特㊀（Karl Albrecht，1726—

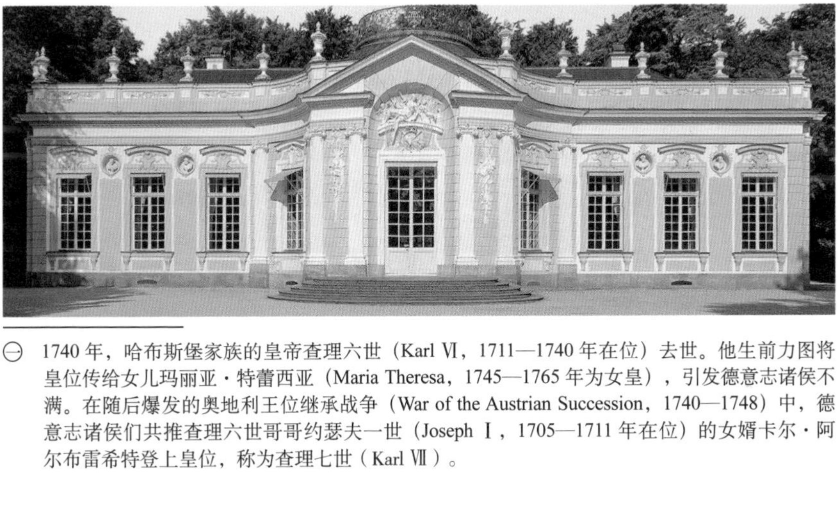

具有洛可可风格的阿马林堡外观

㊀ 1740年，哈布斯堡家族的皇帝查理六世（Karl Ⅵ，1711—1740年在位）去世。他生前力图将皇位传给女儿玛丽亚·特蕾西亚（Maria Theresa，1745—1765年为女皇），引发德意志诸侯不满。在随后爆发的奥地利王位继承战争（War of the Austrian Succession，1740—1748）中，德意志诸侯们共推查理六世哥哥约瑟夫一世（Joseph Ⅰ，1705—1711年在位）的女婿卡尔·阿尔布雷希特登上皇位，称为查理七世（Karl Ⅶ）。

阿马林堡镜厅（摄影：S. Jurvetson）

阿马林堡厨房，瓷砖装饰具有浓郁的中国风情

1745 年为巴伐利亚选帝侯）于 1734 年下令建造，建筑师是弗朗索瓦·德·居维利埃（François de Cuvilliés, 1695—1768）。它的中央是一间镜厅，千变万化舒卷纠缠的草叶从墙面不断向天花延伸，构成一幅动人画卷，将洛可可风格的柔美展现得淋漓尽致。其他各个房间装饰也都极为精美。

20-10 慕尼黑的阿萨姆教堂

巴洛克时代，德国涌现出许多优秀的兄弟艺术家，科斯马斯·达米安·阿萨姆（Cosmas Damian Asam，1686—1739）和艾吉德·屈林·阿萨姆（Egid Quirin Asam，1696—1750）就是其中非常突出的一对。兄弟俩一个主攻建筑与壁画，一个主攻雕塑和抹灰，两人联手协作，创造了许多优秀作品，无不充满幻觉般的戏剧性，在巴洛克艺术史上写下浓重的一笔。位于慕尼黑的圣约翰·内波穆克教堂（St. Johann Nepomuk）是其精彩的代表作。这座教堂建于1733年，占地非常狭小，正面宽8米、进深22米，本是兄弟俩的私人教堂，后来对外开放，所以一般被称为阿萨姆教堂（Asamkirche）。

阿萨姆教堂外观

阿萨姆教堂内景

20-11

维斯朝圣教堂

维斯朝圣教堂外观

建于1745—1754年的维斯朝圣教堂（Wieskirche）是约翰·巴普蒂斯特·齐默尔曼（Johann Baptist Zimmermann，1680—1758）和多米尼库斯·齐默尔曼（Dominikus Zimmermann，1685—1766）兄弟俩的代表作，其朴素的外表与华丽的内部形成鲜明对比。

维斯朝圣教堂内景（摄影：T. Sterr）

20–12 普鲁士的腓特烈大帝

在十字军东征中建立起来的条顿骑士团（Teutonic Order）在13世纪的时候征服波罗的海东部的普鲁士地区（Prussia，如今分属波兰和俄罗斯）。1525年，他们的首领改奉新教，成立普鲁士公国，效忠于波兰—立陶宛国王。1618年，通过婚姻继承，勃兰登堡选帝侯兼并普鲁士，建立勃兰登堡—普鲁士公国，1701年升格为普鲁士王国，成为德意志诸侯中足以与奥地利抗衡的地区强国。1740年，28岁的腓特烈二世（Frederick Ⅱ the Great，1740—1786年在位）成为普鲁士国王。在46年的漫长统治中，他发动一连串战争打击和削弱奥地利，并参与肢解波兰，为自己赢得了“大帝”的称号。在战争和治国之余，他不遗余力赞助艺术，与伏尔泰建立了长达42年的深厚友谊，成为所谓“开明专制君主”的典范。

腓特烈大帝在无忧宫演奏长笛（A. von Menzel绘于1850年）

20–13 波茨坦的无忧宫

1745年，腓特烈大帝在波茨坦（Potsdam）建造他的夏宫——无忧宫（Schloss Sanssouci）。他亲自设计草图，由建筑师乔治·温彻斯劳斯·冯·克诺

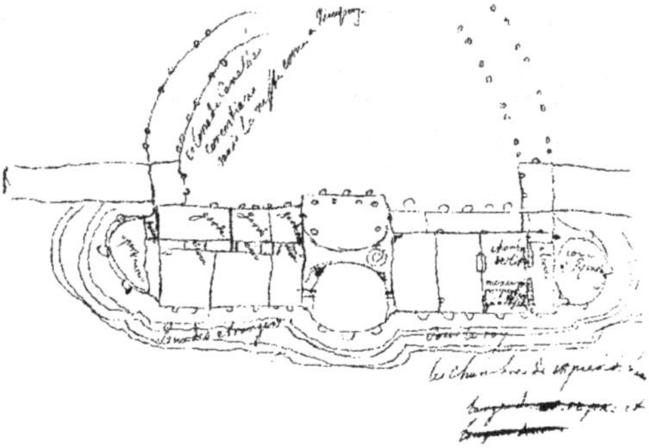

腓特烈大帝手绘的无忧宫设计草图

无忧宫近景（摄影：A. Ivanov）

无忧宫鸟瞰

伯斯多夫（Georg Wenzeslaus von Knobelsdorff，1699—1753）予以完成。宫殿坐落在梯台式花园的六段扇形台阶之上，按照腓特烈大帝的要求建筑只设一层以更加贴近自然，外观具有明显的洛可可特征。

在这座宫殿里，腓特烈大帝热情款待为自己祖国所不容的伏尔泰。正是在他的庇护下，伏尔泰完成了巨著《路易十四时代》。1786 年，腓特烈大帝去世。他生前希望自己能被安葬在无忧宫他的爱犬墓旁，这一遗愿直到 1991 年才得以实现。

第二十一章 俄罗斯

「我是一名学徒，我需要老师。」

21-1 彼得大帝

1240 年，成吉思汗（1162—1227）的孙子拔都（1208—1255）统帅蒙古大军攻陷基辅，基辅罗斯国（Kievan Rus'，882—1240）灭亡。1242 年，拔都建立金帐汗国（又名钦察汗国，1242—1502），开启蒙古人对俄罗斯长达 200 多年的占领。虽然伊凡三世（Ivan Ⅲ，1462—1505 年在位）时代俄罗斯开始摆脱蒙古统治，但是俄罗斯与西方的距离已经变得遥不可及，对于欧洲正在发生的文艺复兴、宗教改革几乎一无所知，整个民族仍然停留在中古时代，直到彼得大帝时代的到来。

1682 年，年仅 10 岁的彼得一世（Peter Ⅰ，1682—1725 年在位）成为俄国沙皇，与患病的哥哥伊凡五世（Ivan Ⅴ，1682—1696 年在位）共同执政，但是权力被姐姐索菲娅·阿列克谢耶芙娜（Sophia Alekseyevna，1657—1704）霸持。少年彼得经常到首都附近的外国商人聚居点玩耍。在这里，他发现了一片新天地，对能够制造出各种神奇钟表机械的西方充满了好奇。他梦想将来有一天，俄罗斯也能够融入这样的世界。1689 年，彼得发动政变，成为大权在握的真正沙皇。他终于要开始追逐梦想了。

1697 年，彼得亲率一个由贵族组成的庞大使团（Grand Embassy）出访西欧，但是自己却全程“隐姓埋名”，穿着造船匠的衣服，上面写着：“我是一名学徒，我需要老师。”在当时的海上霸主荷兰，这位“学徒”住进造船工人的小屋，与工人一样搬运木头学习造船。在空余时间，他走访工厂、商店，参观博物馆、花园，向科学家请教最新的科学进展，购买各种新奇实用的设备，其中甚至包括 8 块大理石以供俄罗斯雕刻家学习。应荷兰执政兼英国国王威廉三世的邀请，他前往英国进行访问，结识了大科学家牛顿。离开英国后，他去往奥地利，原计划还要到威尼斯参观，但是因为国内保守势力发动叛乱而被迫结束行程提前回国。

经过长达一年半的西欧之行，回到莫斯科的彼得开始大刀阔斧进行改革。他下令剃掉男人胡须，不论男女均改穿西式洋装，鼓励妇女参加社交活动，创办报纸，开设数学和航海学院。他大力主张向先进的西欧国家学习，要使俄罗斯从一个落后的农牧国家转变成一个西欧列强式的近代化强国。他念念不忘要为俄罗斯争取不冻的出海口。1696 年，他发动战争，从土耳其人手中夺取黑海上的亚速港。但是要从这条水路去往西欧还是太遥远了，而且还要经由土耳其控制的君士坦丁堡。俄罗斯还需要一条更为便捷的通道。1703 年，彼得身先士卒亲率大军战胜强敌瑞典，为俄罗斯赢得了通向波罗的海的畅通大道。从这时起，俄罗斯再不需要经由第三方而与西欧取得联系了。1703 年 5 月 27 日，彼得在波罗的海岸边为俄罗斯的新首都奠基，他将之命名为圣彼得堡（Saint Petersburg）。

彼得大帝像（É. M. Falconet 创作于 1782 年）

圣彼得堡鸟瞰，近景为彼得大帝时代建造的彼得保罗要塞，远景涅瓦河对岸可见冬宫

21-2 彼得霍夫宫

1717 年，彼得大帝再次出访西欧，这一次，他来到巴黎。身高 2.03 米的彼得将少年路易十五抱起来以实现两国首脑会见。他惊叹于凡尔赛宫的绝世豪华而夜不能寐，回国后立即聘请勒·诺特尔的门徒勒·伯朗（Le

彼得霍夫宫鸟瞰

彼得霍夫宫大喷水池

Blond，1679—1719）规划设计位于圣彼得堡郊区的彼得霍夫宫（Peterhof Palace）。30 年后，出生于巴黎的意大利建筑家弗朗切斯科 · 巴托洛梅奥 · 拉斯特雷利（Francesco Bartolomeo Rastrelli，1700—1771）又对其进行扩建，最终形成富有俄罗斯特点的巴洛克—洛可可式宫殿。这座宫殿建在海边的陡坡上，在宫殿和海岸之间，渠水像瀑布一样，层层跌落，最后汇入大海，景象十分壮观。在二战中，这座宫殿曾遭到严重毁坏，战后得以修复。

21-3 圣彼得堡的斯莫尔尼修道院

1725 年，彼得大帝去世。他的妻子叶卡捷琳娜一世（Catherine Ⅰ，1725—1727 年在位）和孙子彼得二世（Peter Ⅱ，1727—1730 年在位）短暂在位之后，皇位被伊凡五世的后代继承。1741 年，彼得大帝的女儿伊丽莎白 · 彼得罗芙娜（Elizaveta Petrovna，1741—1762 年在位）发动政变，将皇位夺回到彼得大帝家系之中。

在登上皇帝宝座之前，伊丽莎白本已在圣彼得堡郊区的斯莫尔尼修道院出家修行。1748年，她委托拉斯特雷利重建修道院。蓝、白、金相间的轻快外观是这个时期俄罗斯皇家建筑的特色。

斯莫尔尼修道院

21-4 圣彼得堡冬宫

1754 年，伊丽莎白委托拉斯特雷利对此前已重建过三次的圣彼得堡冬宫（Winter Palace）第四次扩大重建。这座建筑偎依在涅瓦河畔，以金色、绿色和白色为主色调，具有鲜明的俄罗斯巴洛克—洛可可艺术特征。

圣彼得堡冬宫外观

1756 年，俄罗斯卷入欧洲列强的“七年战争”（Seven Years' War，1756—1763），与法国、奥地利结盟对抗普鲁士和英国。普鲁士虽然有腓特烈二世英明领导，但在法、奥、俄三面夹击之下招架不住濒临亡国。1762 年 2 月，伊丽莎白女皇病逝，皇位由她的外甥彼得三世（Peter Ⅲ）继承。彼得三世的父亲是德国人，他本人极为崇拜腓特烈二世，于是立即下令俄军停止进攻普鲁士，转而对奥地利作战。这个决定拯救了普鲁士，腓特烈二世死里逃生。俄罗斯贵族对此深感不满，于是转而发动政变，拥戴他的同样为德国人的妻子为俄罗斯女皇，称为叶卡捷琳娜二世（Catherine Ⅱ，1762—1796 年在位）。叶卡捷琳娜二世在位长达 34 年，是 18 世纪所谓“开明专制君主”之一。她热爱哲学，与伏尔泰、让·勒·朗·达朗贝尔（Jean le Rond d'Alembert，1717—1783）、德尼·狄德罗（Denis Diderot，1713—1784）等法国启蒙思想家长期保持书信往来。在她的统治下，俄罗斯文学艺术事业开始起步。她努力收集欧洲的艺术名作，将冬宫中的部分房间辟为收藏室，为冬宫日后成为欧洲最著名的博物馆之一奠定了基础。

叶卡捷琳娜二世画像（绘画：A. Antropov）

21-5 叶卡捷琳娜宫

位于圣彼得堡以南大约 30 公里的“皇村”（Tsarskoye Selo）[1]是皇族们避暑的地方。1717 年，当时还是皇后的叶卡捷琳娜一世首先在这里建造宫殿，就以她的名字命名为叶卡捷琳娜宫（Catherine Palace）。1752 年，叶卡捷琳娜一世的女儿伊丽莎白女皇委托拉斯特雷利予以重建，

[1] 因诗人亚历山大·普希金（Alexander Pushkin，1799—1837）青年时代曾经在此地学习，1937 年普希金去世 100 周年时，苏联政府将该村改名为“普希金村”，以此消除沙俄时代的印迹。

叶卡捷琳娜宫鸟瞰（摄影：Striderv）

并于 1756 年建成。其正面全长 325 米，超过 100 公斤的黄金被用在立面的各种灰塑表面上。

1796 年 11 月，叶卡捷琳娜二世在这座皇宫去世。当此之时，遥远的西方地平线上正传来隆隆的雷鸣声，欧洲历史上一场空前未见的巨变已经发生，一个全新的时代即将到来。

参考文献

[1] 乔治・瓦萨里 . 著名画家、雕塑家、建筑家传 [M]. 刘明毅，译 . 北京：中国人民大学出版社，2005.

[2] 伏尔泰 . 路易十四时代 [M]. 吴模信，沈怀洁，梁守锵，译 . 北京：商务印书馆，1982.

[3] E. H. 贡布里希 . 文艺复兴：西方艺术的伟大时代 [M]. 李本正，范景中，编选 . 杭州：中国美术学院出版社，2000.

[4] 罗斯・金 . 马基雅维利传 [M]. 刘学浩，霍伟桦，译 . 南京：译林出版社，2014.

[5] 威尔・杜兰 . 世界文明史 卷四：信仰的时代 [M]. 幼狮文化公司，译 . 北京：东方出版社，1998.

[6] B. JESTAZ. 文艺复兴的建筑 [M]. 王海洲，译 . 上海：汉语大辞典出版社，2003.

[7] 罗斯・金 . 布鲁内莱斯基的穹顶——圣母百花大教堂的传奇 [M]. 冯璇，译 . 北京：社会科学文献出版社，2018.

[8] B. JONES，A. SERENI，M. RICCI. Building Brunelleschi's Dome: A Practical Methodology Verified by Experiment [J]. Journal of the Society of Architectural Historians，2010，69（1）：39-61.

[9] 彼得・默里 . 意大利文艺复兴建筑 [M]. 戎筱，译 . 杭州：浙江人民美术出版社，2018.

[10] 埃蒙德・N. 培根 . 城市设计 [M]. 黄富丽，朱琪，译 . 北京：中国建筑工业出版社，2003.

[11] 鲁道夫・维特科尔 . 人文主义时代的建筑原理 [M]. 刘东洋，译 . 北京：中国建筑工业出版社，2016.

[12] 布鲁诺·赛维.建筑空间论[M].张似赞,译.北京:中国建筑工业出版社,1985.
[13] 菲拉雷特.菲拉雷特建筑学论集[M].周玉鹏，贾珺，译.北京：中国建筑工业出版社，2014.
[14] 罗杰·斯克鲁登.建筑美学[M].刘先觉,译.北京:中国建筑工业出版社,1992.
[15] 威尔·杜兰.世界文明史 卷五:文艺复兴[M].幼狮文化公司,译.北京:东方出版社，1998.
[16] 汉诺-沃尔特·克鲁夫特.建筑理论史——从维特鲁威到现在[M].王贵祥，译.北京：中国建筑工业出版社，2005.
[17] 维特鲁威.建筑十书[M].陈平，译.北京：北京大学出版社，2012.
[18] 莱昂·巴蒂斯塔·阿尔伯蒂.建筑论——阿尔伯蒂建筑十书[M].王贵祥，译.北京：中国建筑工业出版社，2010.
[19] 理查德·特纳.文艺复兴在佛罗伦萨[M].郝澎，译.北京：中国建筑工业出版社，2004.
[20] 雅各布·布克哈特.意大利文艺复兴时期的文化[M].何新，译.北京：商务印书馆，1997.
[21] 约翰·萨莫森.建筑的古典语言[M].张欣玮，译.杭州：中国美术学院出版社，1994.
[22] 丹纳.艺术哲学[M].傅雷，译.北京：人民文学出版社，1963：90-91.
[23] 约翰·T.帕雷提，加里·M.拉德克.意大利文艺复兴时期的艺术[M].朱璇，译.桂林：广西师范大学出版社，1999.
[24] 海因里希·沃尔夫林.古典艺术[M].潘耀昌，陈平，译.北京：中国人民大学出版社，2004.
[25] 安德烈亚·帕拉第奥.帕拉第奥建筑四书[M].李路珂，郑文博，译.北京：中国建筑工业出版社，2015.
[26] 洛伦·帕特里奇.文艺复兴在罗马[M].郤毅，译.北京：中国建筑工业出版社，2004.
[27] 海因里希·沃尔夫林.文艺复兴与巴洛克[M].沈莹，译.上海：世纪出版集团，上海人民出版社，2007.

[28] 赫伯特・里德 . 艺术的真谛 [M]. 王柯平，译 . 沈阳：辽宁人民出版社，1987.

[29] 罗曼・罗兰 . 米开朗基罗传 [M]. 傅雷，译 . 北京：生活・读书・新知三联书店，1999.

[30] 彼得·默里. 文艺复兴建筑 [M]. 王贵祥，译 . 北京：中国建筑工业出版社，1999.

[31] TOM TURNER. 欧洲园林——历史、哲学与设计 [M]. 任国亮，译 . 北京：电子工业出版社，2015.

[32] 克里斯托弗・希伯特 . 美第奇家族的兴衰 [M]. 冯璇，译 . 北京：社会科学文献出版社，2017.

[33] 陈志华 . 外国造园艺术 [M]. 郑州：河南科学技术出版社，2001.

[34] 克里斯蒂安・诺伯格 - 舒尔茨 . 巴洛克建筑 [M]. 刘念雄，译 . 北京：中国建筑工业出版社，2000.

[35] 勒·柯布西耶 . 走向新建筑 [M]. 陈志华，译 . 天津：天津科学技术出版社，1991：141-143.

[36] 威尔·杜兰 . 世界文明史 卷六：宗教改革 [M]. 幼狮文化公司，译 . 北京：东方出版社，1998.

[37] 玛戈・维特科夫尔，鲁道夫・维特科夫尔 . 土星之命——艺术家性格和行为的文献史 [M]. 陆艳艳，译 . 北京：商务印书馆，2019：183.

[38] H. W. 詹森 . 西洋艺术史（3）文艺复兴艺术 [M]. 曾堉，译 . 台北：幼狮文化公司，1986：155.

[39] 若昂・德让 . 巴黎——现代城市的发明 [M]. 赵进生，译 . 南京：译林出版社，2017.

[40] 威尔·杜兰 . 世界文明史 卷八：路易十四时代 [M]. 幼狮文化公司，译 . 北京：东方出版社，1998.

[41] 陈志华 . 外国建筑史（19 世纪末以前）[M]. 北京：中国建筑工业出版社，1979.

[42] 艾瑞克·霍布斯鲍姆 . 革命的年代：1789—1848 [M]. 王章辉，译 . 北京：中信出版社，2014：233.

[43] 威尔·杜兰 . 世界文明史 卷九：伏尔泰时代 [M]. 幼狮文化公司，译 . 北京：东方出版社，1998.

[44] 温斯顿 · 丘吉尔 . 英语民族史 第三卷：革命的时代 [M]. 薛力敏，林林，译 . 海口：南方出版社，2004.
[45] 威尔·杜兰 . 世界文明史 卷十：卢梭与大革命 [M]. 幼狮文化公司，译 . 北京：东方出版社，1998.
[46] 贡布里希 . 艺术的故事 [M]. 范景中，译 . 北京：生活 · 读书 · 新知三联书店，1999.